Tracce

GERARDO GRECO

Guerra calda

SOLFERINO

Un ringraziamento particolare a Eleonora Recalcati
per la collaborazione sul libro.

SOLFERINO

www.solferinolibri.it

ISBN 978-88-282-0265-3
Prima edizione: ottobre 2019

Guerra calda

La terra produsse germogli, erbe che producono seme,
ciascuna secondo le proprie specie.
E alberi che fanno ciascuno frutto con il seme,
secondo la propria specie.
Dio vide che era cosa buona.
E fu sera e fu mattina.

Genesi 1,12-13

Fa più rumore un albero che cade
di una foresta intera che cresce.

Lao Tzu

Credo che avere la terra e non rovinarla
sia la più bella forma d'arte che si possa desiderare.

Andy Warhol

INTRODUZIONE
L'odore della battaglia

In un pomeriggio estivo di nuvole, ho affittato una bici con un motorino elettrico che pedala al posto del ciclista. Ero in Val di Fiemme, Trentino, ai piedi di una foresta dove ho trascorso tanti pomeriggi della mia infanzia. Sapevo che l'anno precedente era stata devastata da un ciclone violentissimo. Nessuno lassù aveva mai visto nulla di simile, a memoria d'uomo.

Mi sono inoltrato sul sentiero e la bici ha cominciato a fare quietamente il suo lavoro, al mio posto, tirandomi senza fatica dentro al bosco. Solo che il bosco non c'era più. La foresta dove passeggiavo da bambino era scomparsa. Svanita nel nulla. Restava solo la terra smossa dagli alberi caduti. Le zolle rivoltate, le radici esposte e qualche fusto spezzato.

La gente di montagna aveva accatastato i tronchi in cumuli alti metri. Portato via il legname. Riaperto le strade. Avevano persino girato un reality su quella corsa este-

nuante a ripulire tutto. Ma sui fianchi della montagna gli alberi c'erano ancora: i corpi, i tronchi, squadernati a terra, come un immenso shanghai abbandonato. Mi addentravo in un teatro di guerra. E l'odore fortissimo del legno tagliato era, in realtà, l'odore della battaglia.

Perché questa è una battaglia. Una guerra distratta. L'ho vista combattere nel palazzo delle Nazioni Unite. Nelle conferenze internazionali. Nei talk show televisivi. È stata una costante di questi ultimi vent'anni. Sono stato corrispondente da New York per la Rai. Ho condotto una striscia quotidiana di politica in tv. Ho fatto il direttore del Giornale Radio Rai e poi del Tg4. La guerra sul clima era sempre lì. Mi accompagnava tutti i giorni. È la guerra che combattiamo per capire il nostro futuro su questo pianeta. Non c'è neanche bisogno di pensare ai figli, ormai. È il nostro presente a essere in gioco. Perché il cambiamento climatico è già qui, è già arrivato. Ed è peggio di quello che pensavamo.

È fatto di tempeste dove non c'erano mai state. Di ghiacciai che si sciolgono come coni gelato al sole. Di siccità e incendi sempre più frequenti. Possiamo tentare di confortarci pensando che è successo altre volte nella storia del pianeta. Si dice che Napoleone in Russia abbia perso la sua campagna perché si trovava nella coda di una glaciazione. E che invece il Medioevo, più o meno fino al 1200, fosse molto più caldo, tanto che l'uva cresceva fino su in Scozia, pronta per il vino e per servire messa. Ma la sensazione che abbiamo adesso è che tutto sia troppo veloce. Incontrollabile.

Ho deciso di iniziare questo racconto sul clima, il grande protagonista della nostra storia recente, da una spedizione del 1999. Alcuni ricercatori dell'Università di Ekaterinburg, Rašit Chantemirov e Stepan Shijatov, risalgono, con una vecchia canoa dell'esercito sovietico, le acque gelide del fiume Khaditayaka per sezionare e raccogliere tronchi di larici siberiani, quasi fossilizzati sulle rive.

Per capire come siamo arrivati sin qui bisogna cominciare da quei larici e da quegli scienziati che tornano a Ekaterinburg con 2171 campioni di alberi raccolti e costruiscono una cronologia fondata sull'analisi degli anelli dei tronchi per svelare i cambiamenti climatici degli ultimi quattromila anni. Ogni anello raccoglie il senso di una stagione: il caldo e il freddo. Ogni tronco è un termometro.

Passeranno altri dieci anni prima che la «serie di Yamal» venga citata da Al Gore e diventi fondamentale per gli studi che portano alla conferenza Onu di Copenhagen del dicembre del 2009. Un appuntamento decisivo per capire come, a livello mondiale, rallentare le emissioni di gas serra.

Se non fosse per un «incidente» di percorso. Un mese prima della conferenza Onu, a Norfolk, Gran Bretagna, alla University of East Anglia, un hacker riesce a entrare nel server del Dipartimento di Ricerca sul clima e a portarsi via 160 megabyte di dati.

Migliaia di mail e documenti che svelano il lavoro preparatorio della conferenza e la preoccupazione dei climatologi e dei gruppi intergovernativi sul cambiamento climatico. Tra queste mail c'è anche la storia degli alberi di Yamal utilizzati per spiegare il riscaldamento globale.

Però ci sono anche alcuni scambi che gettano ombre sulla scienza del cambiamento climatico e sui suoi luminari. Frasi compromettenti (le leggerete) che fanno intuire possibili manipolazioni di dati e scorrettezze da parte di chi doveva scrivere i rapporti ufficiali sul clima. Decine di inchieste scagioneranno poi gli scienziati sotto accusa, ma nel frattempo si scatenerà in rete e sui giornali la reazione di gruppi contrari ai limiti per le emissioni di gas serra. È il Climategate, lo scandalo del clima che ho iniziato a seguire quando lavoravo a New York, a un passo dall'Onu. Una tempesta perfetta destinata a far fallire la conferenza di Copenhagen. Da allora è passato un decennio e la situazione è precipitata. La concentrazione di anidride carbonica è aumentata, ha superato le soglie di guardia. Il luglio del 2019 è stato il mese più bollente dell'ultimo secolo e mezzo. I quattro anni appena trascorsi sono stati i più caldi mai registrati. Nel frattempo, la scienza, ormai quasi all'unanimità, ritiene che il nemico siamo noi. Le nostre emissioni di gas serra che continuano ad aumentare. Le ciminiere. I tubi di scappamento. Le fabbriche. Cosa dobbiamo aspettarci?

Se la temperatura aumenta di altri 2 gradi, gli scenari dipingono un mondo molto diverso da quello in cui abbiamo vissuto fino a oggi. I mari si alzeranno. I bo-

schi bruceranno. I raccolti si ridurranno. Le zone abitabili si restringeranno. Ci conviene fare finta di niente?

Questo libro è la storia di Noah e Iskra, due ragazzi figli di esuli siberiani (la Siberia è una delle chiavi per capire il riscaldamento globale) che si inseguono e si trovano. È l'unica cosa inventata, perché avevo bisogno di un Virgilio (anzi due) in questo viaggio nella guerra fredda del clima che potremmo definire tranquillamente come guerra calda. Ma il resto è vero. È vera l'estate di incendi di Mosca nel 2010. È vero l'uragano Sandy che sconvolge New York nell'autunno di due anni dopo. È vera la tempesta che si è abbattuta sull'Italia del Nord nell'autunno del 2018. È vero il dibattito furioso alimentato dallo scetticismo sul cambiamento climatico causato dall'uomo.

Un racconto che intreccia il giallo del Climategate e i grandi disastri ecologici di questi anni. La caccia al tesoro del clima con la nostra crescente fragilità, l'insicurezza sul domani. Gli interessi economici enormi, il coraggio improvviso, il fatalismo, la dipendenza eterna dalle previsioni del tempo.

Mentre i larici aspettano, da diecimila anni, di svelarci davvero i segreti del tempo e forse il destino del nostro pianeta. Persino quelli riversi a terra, vinti, tra i quali sono passato in un pomeriggio d'estate in bicicletta.

Prologo

Noè ha seicento anni quando viene il diluvio,
le acque sulla Terra.
Genesi 7,6

David Liebermann ha ottantatré anni quando sale per l'ultima volta su una barca. Discendente di una famiglia di esuli siberiani, guarda con sospetto tutto quello che si muove sull'acqua.

È in piedi, immobile come un capitano sulla tolda di una nave perduta nella bufera. Grazie a Dio, però, non si prevede alcuna tempesta oggi. Dopo un quarto d'ora di navigazione c'è solo caldo e umidità: 40 gradi, in questo 11 settembre 2101. Il tempo giusto per gli uragani. Ma per ora l'aria, sull'Atlantico centrale, in questo scorcio di nuovo secolo, non si muove proprio. Imbarca qualche altro turista, anziano come lui. E poi una famiglia, bambini che si sporgono a cercare delfini, o squali.

Gli altoparlanti del battello trasmettono una vecchia canzone. *We're gonna rock around the clock tonight...*

Rock Around the Clock, Bill Haley and His Comets.

David ripete, come ogni volta, le stesse parole: «L'inizio del rock, signore e signori». L'inizio di tutto. Eseguita per la prima volta nel weekend del Memorial Day del 1954, in un albergo di Wildwood, New Jersey, al 3400 di Atlantic Avenue. Esattamente là: tre metri più giù. La barca ha una parte del fondo di vetro. Nei giorni di mare limpido, come questo, senza correnti, si vede bene. Sotto ci sono i tetti dei vecchi motel déco.

«Monumento nazionale, gentili passeggeri, dei tempi in cui a Wildwood, New Jersey, arrivavano 250mila vacanzieri a stagione. Se guardate con attenzione si scorgono ancora le scritte degli alberghi. Una volta erano fatte di neon, come a Las Vegas negli anni Cinquanta.»

David ricorda tutto. Gli alberghi art déco, dove suonavano al sabato. Il Boardwalk, il pontile sulla spiaggia, dove avevano camminato generazioni. I parchi di divertimento sull'oceano con le ruote panoramiche che giravano da sole quando i venti atlantici soffiavano troppo forte.

Era cresciuto là, nella sua casa di famiglia. L'aveva ricostruita almeno tre volte, nei lunghi decenni delle tempeste, fino a che era stato possibile. Ogni volta l'acqua e i venti gliela demolivano. Poi l'aveva chiusa e si era portato via tutto quello che poteva. Si era spostato cinquanta chilometri a ovest. All'asciutto. Con lui erano venuti via dalle coste i cinquemila abitanti di Wildwood, milioni di americani, nel resto del Paese, centinaia di milioni di uomini, donne e bambini nel resto del mondo.

Era successo già da tempo. Era successo molto prima di quanto si prevedesse. Forse perché nessuno voleva crederci. Era troppo fantasioso: il mare che monta, neanche fosse il gioco del nuovo diluvio universale. Avevano costruito fino all'ultimo. Condomini. Strade. Uffici pubblici. Aeroporti. Lì, come a Miami, ad Atlantic City, a New Orleans, o ancora più lontano: Alessandria d'Egitto, Shanghai, Rio de Janeiro, Venezia. Città che non erano più come le aveva viste da ragazzino David, con i suoi genitori. Divorate dal mare, come fossero preda degli squali che si aggiravano, adesso, tra i tetti dei motel di Wildwood, New Jersey.

L'innalzamento delle acque era cominciato verso la metà del secolo precedente. Più due centimetri. Poi più tre. Mentre David diventava adulto, l'acqua saliva. Nessuno lo aveva capito che era così veloce il mare quando si riscalda troppo. Come un bambino: prima che i genitori se ne accorgano è già grande. La sua vitamina era la CO_2. Mai vista tanta in giro negli ultimi due milioni di anni. Certo ci avevano provato, c'erano stati accordi per fermarla. Ma non ce l'avevano fatta.

La ruota panoramica era ancora lì. Una delle attrazioni di quelle crociere archeologiche. Spuntava dalla superficie dell'acqua per almeno venti metri. Lo scheletro arrugginito aveva resistito alle tempeste, agli uragani. Resisteva da mezzo secolo. Aveva visto tutto, mentre girava negli anni.

Quando David era nato, nel 2018, l'anidride carbonica era a 400 parti per milione. Era arrivata a 1000 quando David si era sposato. Allora l'acqua aveva cominciato a salire per davvero. In fondo era prevedibile. I suoi genitori non facevano che ripeterlo: aumenta la CO_2, si riscalda la temperatura. Bastano 3 gradi e il ghiaccio dell'Artico si scioglie, il livello del mare sale.

La barca passa di fronte ai condomini giganteschi rimasti là, ancorati, su tutta la costa. Fino ai giganti di Miami che affiorano ancora, dopo decenni, come fossero dorsi di balena. Smantellati solo in parte, lasciati a ricordo, a monito eterno. O quasi.

E poi, finalmente, passano sopra casa sua. È sempre lì, dov'era, sotto il mare. La casa costruita dal suo bisnonno, che si chiamava come lui. Adesso gli altoparlanti a bordo non gracchiano più *Rock around the Clock*. Si sente solo lo sciabordio. Tutti si sono distratti a guardare la ruota. Come gli abitanti della Terra negli ultimi cento anni: si sono distratti, tutti. Non hanno capito che il pianeta, come se fosse una maledizione, tende ad amplificare i cambiamenti in negativo. Una sorta di conato.

Fa caldo in questo 11 settembre del 2101. Il caldo fa evaporare l'acqua, che salendo muove i venti e li fa tornare giù, verso la barca del giro turistico Boardwalk «sali a bordo della nostra storia». È adesso che David comincia a sentire il vento. Lo sente fischiare all'improvviso, come fischia un disco da hockey lanciato sul ghiaccio. Il vento a Wildwood, quando c'è, arriva senza grandi annunci, giù dritto dai cieli dell'Atlantico.

Si guarda indietro, David, per capire quanto è lontana la costa. Il confine che ogni anno viene perduto di un po'. E la terra non si vede. Niente: cancellata dall'orizzonte. Il fischio aumenta, ma sembra sentirlo solo lui.

I bambini si accalcano sul pavimento di vetro per vedere scorrere i viali della città, sotto dieci metri d'acqua. Con i lampioni, le macchine, i negozi, gli squali. Ma il fischio del vento continua e il mare comincia a rispondere. Si increspa velocemente. Un'onda, due, tre. Possibile che le previsioni non avessero detto nulla? La barca balla, e i bambini smettono di giocare. Urlano adesso, aggrappati ai genitori che li tengono forte. Eppure David sta ancora lì, dritto come un lampione. Assorto. Alla sua ultima traversata, guarda la ruota panoramica che spunta e che, ora, comincia a girare, mossa dal vento.

Noah Liebermann si sveglia madido, sotto il neon della sua postazione. Sente l'aria fredda che entra da una finestra spalancata, la superficie liscia della scrivania sotto la sua guancia. Realizza di essersi addormentato in ufficio, all'Università di Norwich, Anglia Orientale. Intorno a lui scrivanie vuote e computer spenti. Solo il suo monitor, acceso, fa scorrere le immagini del salvaschermo, pesci variopinti e ambienti marini.

Noah si sgranchisce il collo e, con un senso di urgenza, si mette alla tastiera e riprende il lavoro.

1
I circoli de' rami

Sembrano ancora due figli della Rivoluzione Rašit e Stepan, con i loro baffi alla Josip Stalin e lo sguardo fisso sull'orizzonte. Sono appena scesi da un elicottero, residuato di qualche guerra russa. Hanno sacche di tela e valigie di cartone. Nel 1999, in mezzo alla foresta di Yamal, in Siberia orientale, la temperatura massima, quando fa caldo, è di 15 gradi, -40 di inverno. Non un posto per tutti.

Si sono portati dietro qualunque cosa, perché in mezzo alla tundra non si trova nulla. Seghe, martelli, badili, picconi, una canoa militare dell'esercito sovietico, tende, sacchi a pelo. È lontano lassù: Yamal, la «fine della terra», la chiamano i Nenec che ci vivono da sempre, soli, con le loro renne. È lontano anche se vieni da Ekaterinburg, l'ultima provincia dell'Impero, dove i bolscevichi all'inizio del Novecento si macchiarono del crimine definitivo: l'uccisione del padre, lo zar Nicola, e della sua famiglia.

Chi viene da Ekaterinburg se lo ricorda. È un regicida anche lui. E chi ha ucciso il re non ha più paura di niente. Ecco perché Rašit e Stepan, ricercatori della Divisione Urali dell'Accademia russa delle Scienze di Ekaterinburg, non si danno troppo pensiero.

Anni di servizio militare ti rendono capace di sopravvivere alla tundra e anche alla crisi peggiore del post-comunismo, quando un compagno su due, in città, è alla fame. E d'inverno è costretto ad andare a rubare legna nei parchi. Perché, se no, come ti scaldi?

Questa degli alberi è una ossessione. I due ricercatori, sotto i loro baffi folti, sono dendrocronologi. Nell'ex Unione Sovietica di quegli anni, sembra un titolo onorifico: «Compagno dendrocronologo». Anche se loro si definiscono più pragmaticamente «falegnami del freddo». Ma sono capaci di una grande alchimia: sanno leggere il tempo nei tronchi degli alberi. Smontano seghe, seghetti, pialle, lime dall'elicottero che li ha portati fin laggiù. Ma non devono far fascine in uno dei viali sotto casa. I soldi per la spedizione li hanno avuti dalla Commissione europea, il Programma per l'ambiente e il clima. Non è stato facile ma ci sono riusciti. Qualcosa è entrato in tasca anche dalla Fondazione russa per le ricerche di base. Pochi spicci, ma mai una spedizione siberiana di una facoltà di Scienze naturali è stata così organizzata.

Rašit si è portato anche una vecchia fotocamera Leica. Recuperata, per l'occasione, chissà dove. «Dobbiamo avere le prove di quello che stiamo facendo.»

In Russia si ragiona ancora così nel 1999: meglio potersi giustificare nell'eventualità di qualsiasi inchiesta pubblica.

Adesso armeggiano insieme con metri e metri di cavo d'acciaio. Serve per legare questi tronchi che il freddo di Yamal spacca, lacera. Ci entra come se il legno fosse fatto di burro. Poi il gelo dilata la materia e fa esplodere i preziosissimi anelli dei larici che stanno qui da quando Dio Pantocratore si inventò la Terra e tutto il resto.

Laudato sie, mi' signore, cum tucte le Tue creature. Laudato sii anche per questi alberi che sembrano fragili, e invece resistono ai venti per centinaia d'anni. Poi, quando finalmente si accasciano a terra, dopo secoli di onorato servizio, finisce che vengono protetti dal permafrost, una poltiglia di acqua e terra che resta gelata in tutte le stagioni. All'inizio i tronchi, corpi senza vita, esplodono, si allargano, si deformano. Ma poi finisce che il legno diventa duro come pietra.

Piante trasfigurate che resistono per millenni: estate, inverno, estate, inverno, autunno, primavera. Un ciocco di larice siberiano, immerso nel fango dei depositi alluvionali, dura per sempre, come un diamante. Solo che i tronchi di larice, anche dopo migliaia di anni, parlano, mentre i diamanti dicono poco.

Rašit ha uno sguardo miope e meticoloso. È quello che ha organizzato tutto, ossessionato da un ordine da piano quinquennale. Stepan ha le guance rosse, anche quando non beve, tipiche degli Urali: carattere avventuroso. Uno che prende e va, anche se c'è da trascinarsi dietro quella canoa di lontane esercitazioni militari.

I due si compensano. La mente e il braccio. Sono giovani e affamati: di sapere, di gloria e della carne secca che sta nei loro zaini. Sono lì a cercare tronchi che possano parlare, raccontare la storia di questi posti abbandonati da Dio e dagli uomini negli ultimi quattromila anni.

Montano le tende quelli della missione Yamal. L'elicottero noleggiato con i soldi della Commissione europea – quattrini di «capitalisti» che non si spingeranno mai fin qui in Siberia – se n'è già andato sputando gasolio. Sono in ginocchio che lavorano a piantare paletti per la canadese nella terra dura della steppa. Ma non perdono il contegno di professori della gloriosa Accademia delle Scienze. I dendrocronologi vengono da lontano, sostengono addirittura che tutto nacque dal vecchio Leonardo, in una primavera toscana di cinquecento anni fa. Il *Trattato degli alberi e verdure*: «I circoli de' rami degli alberi segati mostrano il numero de' loro anni, e quali furono più umidi o più secchi, secondo la maggiore o minore loro grossezza».

Alla fine del Quattrocento, prima che qualcuno scoprisse l'America, era già tutto scritto. È una storia che si racconta in molte altre Accademie delle Scienze. Una specie di preghiera fondativa, una orgogliosa identità condivisa. E Rašit, la mente della coppia, l'aveva recitata anche ai responsabili della Commissione europea che dovevano concedere i finanziamenti.

«Quindi cosa sarebbe questa idea del tronco termometro nei boschi degli Urali?»

«Ma è semplice signori...»

«Ce lo spieghi allora, professore. In Occidente funziona così, ci deve convincere. Nessuna ideologia, solo ragione.»

«Vedete, tutti noi cresciamo, mettiamo su peso, cambiamo voce, ci alziamo: ecco lo fanno anche gli alberi!»

«Cambiano voce?!»

«Sì, in qualche modo sì!»

«Si ricordi: ragione, non ideologie!»

«Ma certo! Gli alberi sono razionali. Più di noi. Più dell'uomo.»

«Che razza di ricerca è quella su un larice russo che parla e ragiona?»

«Be', il larice siberiano ogni anno passa dall'inverno all'estate.»

«Ma questo vale per qualsiasi albero francese, o tedesco, o persino belga, caro professore!»

«Sì, ma laggiù, nella penisola di Yamal fa un freddo becco, e quando vai a -40, il larice siberiano lo sente.»

«Parla e sente! Uno spreco davvero farci un parquet!»

«Il larice sente il freddo, e poi il caldo, e poi il freddo. E allora produce un anello, aumenta il suo corpo. Come se noi portassimo dentro i segni della nostra sofferenza. Come se la nostra anima si potesse vedere, signori della Commissione...»

La spiegazione accorata sembra far colpo sull'uditorio.

«... e a ogni stagione cresce, di più o di meno, a seconda del clima. E l'anello sarà più grande o più piccolo.»

«Devono aver sofferto questi larici abbandonati al gelo nella tundra!»

«E proprio quando soffrono gli anelli sono diversi. Specchio della loro anima di legno...»

«Professore... il vostro lavoro qual è?»

«Noi signori, ecco... guardiamo nell'anima di questi alberi.»

«E perché dovremmo darvi i nostri soldi? Cosa ne ricaviamo?»

«Perché noi confrontiamo gli anelli degli alberi...»

«Ah, be', allora...»

«... quelli di oggi e quelli di secoli fa. Sovrapponiamo le sequenze anulari. Si dice così.»

«Risultato?»

«Gli alberi sono termometri. Il risultato è che avrete, per pochi spicci, la storia del pianeta negli ultimi quattromila anni. Saprete se nell'anno del signore 1492, quando Colombo scopriva l'America e Leonardo scriveva il *Trattato della pittura*, ha fatto caldo o freddo.»

«Utile per...?»

«Potrete dire alle vostre banche e alle vostre industrie se la Terra si è riscaldata negli ultimi anni oppure no. Potrete capire prima dove investire i vostri soldi.»

«Nelle energie alternative o nel carbone...»

«Metteteci alla prova, e vi trasformeremo i vecchi larici della Tundra in macchine del tempo.»

Decideranno di metterli alla prova. Anche perché non sono i primi a farlo. Hanno cominciato gli americani, quasi un secolo fa. E le parole di Leonardo pesano.

«E benché questo studio dei tronchi non serva alla pittura, pure io lo scriverò per non lasciare men cose indietro delli alberi, che alla mia notizia sia possibile.»

E così gli scienziati sono pronti a gettarsi in mezzo alla tundra, con tutti i loro attrezzi squadernati sul permafrost, che nel luglio del 1999 ancora non si è sciolto. Attrezzano la canoa e aspettano, mentre questionano sulle provviste. Forse con i soldi della Commissione si poteva fare di più, non solo carne secca. L'indomani cominceranno a cercare gli alberi adatti ed è un lavoro che richiede molta attenzione. Tanto sono già passati migliaia di anni, una notte in più o in meno non cambia.

Sarà che i loro avi hanno ucciso gli zar e quindi sono senza paura, sarà più probabilmente che sono stanchi morti, fatto sta che i compagni di Ekaterinburg si addormentano di botto in mezzo alla foresta dei larici e del tempo da ritrovare. Non occorre raccontare vecchie storie della taiga. E non basta l'incubo di una tigre siberiana, che tanto da quelle parti non si è mai vista, a turbare i loro sonni.

Il giorno dopo, però, i membri della spedizione sono disturbati da qualcos'altro. Sentono il rumore di aeroplani che volano basso. Militari di qualche esercitazione da quelle parti? Charter di turisti alla scoperta della tundra artica? Voli intercontinentali fuori rotta? Niente di tutto questo. Sono solo gli aerei della Gazprom in avanscoperta con molti più mezzi e quattrini di loro. I due professori cercano tronchi per leggere i cambiamenti climatici, alla fine della terra. E sempre lì, nella tundra di Yamal, i petrolieri russi cercano il gas. Ma questo loro non lo sanno.

2
Lo Ziggurat

La University of East Anglia è costruita su un campo da golf, ma sembra un grande gioco fatto di lego. Una piramide a gradoni, distillato dell'anima razionalista degli anni Sessanta: lo chiamano lo Ziggurat. Un tempio laico di studio e sapienza che, la sera, diventa spettrale.

È una notte di novembre del 2009. Negli uffici chiusi c'è odore di plastica deformata dal caldo dei radiatori. Plastica di banchi, scrivanie, sedie vuote. Le luci sono poche, i computer spenti. Ma in realtà nulla si ferma, neanche a quest'ora. In un'università le informazioni circolano per statuto, per moto perpetuo, per gravità naturale.

Noah Liebermann, poco più di vent'anni, è un animale notturno. Suo nonno David gli ha insegnato che le idee migliori vengono all'alba. Perché lui, all'alba, era fuggito da un campo di concentramento in Siberia dove lo avevano sbattuto durante la guerra. Era stata una buona idea: pochi anni dopo aveva una vita nuova di zecca dall'altra parte del mondo a Wildwood, New Jersey.

Era il 1954. Dieci anni prima l'uragano Great Atlantic aveva spazzato via tutto. Il Sea Shore, il lungomare di legno, si era disfatto come un castello di carte. Quando David era arrivato tutti ricordavano ancora la città spezzata, il senso di fragilità davanti alla furia del mare, come restare senza guscio. Guardavano il cielo con sospetto, in New Jersey. David si era messo al lavoro, con l'intelligenza di un ebreo e la resilienza di un siberiano. Pochi anni dopo inaugurava la sua fabbrica di camicie, cotone morbido, taglio casual. Aveva vestito generazioni di ebrei, italiani e irlandesi, tutti con le camicie Liebermann.

Non aveva motivo di sospettare del cielo, David, anche se qualche volta gli mancava l'orizzonte sterminato della Siberia. Ma era un attimo, nella sua grande casa sul mare aveva figli e nipoti a tenerlo vivo, sangue del suo sangue. Noah, il nipote maggiore, lo avrebbe voluto a capo dell'azienda: il ragazzo ci sapeva fare, guardava le cose e le capiva.

Finché un giorno era tornato dal cielo qualcosa che nessuno poteva capire.

Era il 2004 e Noah stava studiando: la tensione dell'ultimo anno di high school, quando tutti ti dicono che è il momento di decidere chi sei. Pioveva da giorni, fuori, ma Noah non alzava la testa dal libro. I Linkin Park urlavano dalle casse e coprivano il rumore dell'acqua.

Tutto era successo troppo velocemente. I libri, le casse, i Linkin Park, tutto era finito sott'acqua. Noah non aveva più nulla e aspettava, coi genitori e il nonno, i soccorsi, sul tetto della sua grande casa vista mare.

Non ci voleva tutta quell'acqua proprio nel momento in cui decidi chi sei. Si rischia di diventare sospettosi, di mettersi a guardare il cielo. E quel sospetto l'aveva portato fin qui, allo Ziggurat, University of East Anglia, il tempio della climatologia universale, dove Noah spera di trovare risposta alle domande che lo hanno travolto, insieme alla sua casa. Per ora nello Ziggurat ha trovato nomadi, senza patria come lui. Studenti da tutto il mondo accorsi in pellegrinaggio nel santuario della scienza. Ognuno lanciato come un segugio sul suo piccolissimo pezzo di realtà da catalogare, da capire.

Il pezzo di Noah sono gli alberi di Yamal. Quei larici dritti, nel terreno gelato, gli ricordano che sotto la neve siberiana è sepolto anche qualcosa del suo sangue. Nella cronologia degli alberi di Yamal Noah ci vede le radici della sua famiglia. Come se fosse un Kunta Kinte della botanica.

Si siede con calma, tanto a quell'ora, le due, in dipartimento non c'è nessuno. Si stropiccia gli occhi, neri e profondi come quelli del nonno aschenazita. Il suo passato è marchiato sul corpo, nella pelle olivastra e nei capelli scuri che porta lunghi e spettinati, come dopo un naufragio.

Di fronte a lui il computer, la luce dello schermo fioca, la tastiera pronta. Digita la parola chiave e invia. Se hai la password, poi la strada è semplice. Solo che non tutti ce l'hanno, la riservatezza è molto considerata qui alla University of East Anglia, per un motivo che tra poco sembrerà evidente.

Noah la strada la sa. In un attimo tira fuori le foto che gli servono per l'ennesima pubblicazione che fa punteggio ma lo lascia con la fame di una borsa di studio.

Vecchie immagini in bianco e nero. Sono schegge di larice, ognuna conta centinaia di anelli. Ogni cerchio un anno, ogni anno una tacca in più sul tronco.

Frammento KT 52: dal 1301 al 1700. Quattrocento anni vissuti da larice. Una noia senza fine.

Frammento KT 62: dal 1701 al 1900. Be', qui, almeno, qualcosa di interessante succede. La Rivoluzione francese, l'Inghilterra vittoriana, la musica lirica.

Da giovane ricercatore della facoltà di Biologia, Dipartimento di Ricerca sul clima, è convinto che in quei cerchi siano nascoste le chiavi per i misteri del mondo. Li conta. Tanto a quell'ora, di notte, non ha nulla da fare: 1786, 1787, 1788, 1789. Giura, Noah, che il 1789, anno di sangue e di rivoluzione, è il più scuro degli anelli di quel larice siberiano. Per ogni anno va a vedere la concentrazione degli elementi. Litio, berillio, sodio, magnesio, e giù per tutta la tavola degli elementi. E, così, sa qual è l'aria che tira. Poi misura lo spessore degli anelli che registra la crescita annuale. Perché, come un bambino, il larice non cresce ogni anno allo stesso modo: ci sono estati più lunghe e inverni gelidi, in cui nulla si muove. Il 1789 è stato estremo anche nel tempo, caldo asfissiante e freddo pungente.

Noah sta registrando i dati quando, intorno alle tre di notte, succede qualcosa. Il browser del computer, confuso da tutti quegli anni e quegli anelli, si distrae e una rotellina segna tempo comincia a girare a vuoto.

Dura poco e tutto torna normale, ma si apre una maschera che chiede nome e password. E non se ne va. Proprio a quell'ora, con insistenza. La stessa insistenza dell'ufficiale dell'anagrafe di Ellis Island che interrogava suo nonno, emigrato, appena arrivato dalla Siberia.

Noah Liebermann, sangue ebreo russo, diffidente per natura, non risponde. Finisce di registrare i dati e se ne va a dormire. Sono già le quattro di notte: è passata un'ora ma la finestrella rimane là, persino quando Noah chiude tutto e spegne il computer, pensando stancamente che sarà un problema di chi lo riaccenderà, tra poche ore.

Le memorie di un computer non dormono. Quando spegni tutto e te ne vai a letto hai solo l'illusione di fermarti. Le memorie digitali rielaborano. Si muovono al buio. Riflettono. Come animali da preda, nella notte, drizzano le antenne, alzano le difese. Ma anche ciò che è immateriale ha punti deboli, esposti. In un'università così grande, dove le informazioni girano senza sosta, ogni giorno si aprono centinaia di mail. E a volte può capitare di aprire quella sbagliata.

La memoria di un computer è una fortezza con le sue chiavi. E se le hai, se qualcuno te le ha date, puoi entrarci anche quando sei molto lontano, persino dall'altra parte del globo.

Il mondo digitale non ha confini.

3
La ballerina

Nevica che Dio la manda sui mattoni rossi dell'ufficio Tomline, in una periferia scura di Tomsk, 500mila abitanti, 3600 chilometri da Mosca. Siberia sudoccidentale. Da che mondo è mondo qui ha sempre nevicato a novembre. Non c'è riscaldamento globale che tenga.

Iskra ha vent'anni e cammina sotto la neve, dentro la neve, sopra la neve. È alta 179 centimetri, pesa 58 chili, è bionda, ha occhi grigi e studia ingegneria. Segno zodiacale capricorno. Religione: atea. Beve solo quando è in compagnia.

Così ha scritto sul sito cuteonly.com (solo bellezze russe e ucraine), in cerca di qualche occidentale che se la porti via. Tra i trentacinque e i cinquantacinque, alto, educato, comprensivo. Onesto. Ha scritto anche che è divorziata (ma non è vero) e che ama la natura.

Da ragazzina andava col padre su al nord, in una dacia sul lago, immerso in una foresta di larici. Per arrivarci ci volevano due giorni di viaggio su una vecchia Žiguli. Bisognava salire fino a Salechard, all'inizio della penisola di Yamal. Solo cielo, neve e alberi dritti come sentinelle.

La neve che calpesta a Tomsk, mentre cammina verso l'ufficio, non ha lo stesso candore. Le sue scarpe da ginnastica lasciano impronte profonde. E dire che aveva un passo lieve quando faceva la ballerina. Le scarpe affondano e il piede si bagna, attraverso la tela. Ma di mettere stivali non se ne parla. In nessuna altra parte del mondo avrebbe senso andare al lavoro sotto zero con una giacca di jeans. Ma a Tomsk non hai diritto di avere freddo, il gelo regna, da millenni, lo si può solo accettare. Iskra nemmeno lo sente. È una dura, una che ci sa fare. Anche per questo ha ottenuto uno stage alla società Tomline. Gli ultimi dieci anni che ha sacrificato alla danza le hanno insegnato a scivolare via, leggera sulle cose e sulle persone. Ma Iskra non balla solo con le gambe chilometriche, è una *geek*, esperta di computer e di tutto ciò che è digitale. Sa danzare dentro le anime fredde dei grandi server.

Un anno fa la Fsb di Tomsk, erede del Kgb, l'aveva rintracciata misteriosamente, una mattina, mandandole una dichiarazione di gratitudine.

Iskra aveva solo combinato uno scherzo innocente, insieme al fratello. Avevano sentito uno slogan antiucraino in tv: «Vivete alle nostre spalle! Rubate il nostro gas!». Lo aveva ripetuto, scritto e postato su un sito per l'indipendenza dell'Ucraina: un perfetto esempio di contropropaganda russa, all'alba di una guerra che si sarebbe accesa pochi anni dopo.

La Fsb era arrivata a lei in soli due giorni: l'aveva ringraziata con attestato pubblico «per il suo impegno come cittadina degna di rispetto».

Pochi mesi dopo, però, era dentro la Tomline di Tomsk, Internet Security Business. E il sospetto che fosse stato per un interessamento, forse una raccomandazione, della Fsb, le rimaneva ancora. Questi della Internet Security hanno bisogno di menti giovani, vergini, che non si fanno troppe domande e sono capaci di danzare. È solo uno stage: guardare e non toccare! Ma a vent'anni va bene.

Iskra sale le scale esterne dell'ufficio, con le scarpe da ginnastica ancora gelate. Entra nei locali che sanno di vecchia moquette e subito percepisce che non è un giorno qualunque: nell'aria sospesa, assieme alla polvere, c'è eccitazione.

Come al solito è arrivata in ufficio cinque minuti prima. Le piace avere tempo, essere pronta. Si siede al computer, si specchia nello schermo. Con una penna in mano fa l'agenda della giornata mentre sorseggia un caffè all'americana. Ha tutto il tempo del mondo, Iskra, ma non ama perderlo.

Con i suoi vent'anni, e la sua bellezza altera, le stanno appresso in molti in ufficio. Persino il capo le ha già chiesto di uscire. Forse qualcuno avrà anche visto il suo profilo su cuteonly.com. Non le importa granché, non ha tempo né voglia per queste cose.

Il suo lavoro laggiù (non pagato, almeno per ora, le hanno detto) è trovare vulnerabilità nei sistemi informatici. È questo che le piace fare, ma deve diventare ancora più brava, perché non è l'unica che ci sa fare, a Tomsk. Scivolare nelle memorie dei server è come una mania da queste parti. Tutti ballerini, rapidi e leggeri tra stringhe di numeri.

Il fatto è che a Tomsk, dove nevica che Dio la manda, lo zar Alessandro II ha fondato l'Università imperiale siberiana, la più grande a est di Mosca. Gli servivano ingegneri, architetti, geologi, perché da quelle parti voleva far passare il grande vapore della transiberiana. Gli zar pensavano sarebbe stato il loro orgoglio, chilometri e chilometri di ferro in mezzo al gelo. Finché, molti anni dopo, quel vapore ha portato i Romanov, gli ultimi zar, dritti al patibolo. Cullati dal treno, con lo sguardo vuoto dei condannati, ogni chilometro li avvicinava a Ekaterinburg. Il lungo serpente di ferro, ormai, apparteneva alla Rivoluzione.

Da allora l'università è rimasta, e anche gli ingegneri e gli architetti. Solo che faceva troppo freddo. Conta poco che Iskra, con i suoi vent'anni, non senta tutti i gradi sotto zero di questa giornata. Faceva un freddo becco. E così il Kgb aveva cominciato a mandarci gli intellettuali poco ortodossi, a esiliarli laggiù, tra gli orsi siberiani.

Il diavolo creò la Siberia, le scagliò addosso meteoriti, congelò enormi bolle di metano sotto il permafrost. La rese, insomma, una prigione perfetta per i dissidenti. Non c'era bisogno di finire nei gulag di Stalin. Bastava starsene lì, buoni, confinati dalle paludi gelate. E magari ti permettevano persino di insegnare in quella vecchia università imperiale. Sempre sotto stretto controllo, s'intende. Così non te ne andavi più. Condannavi i tuoi discendenti al gelo e alla ribellione.

Il nonno di Iskra aveva fatto proprio così. Era un geologo ferroviario che credeva nella scienza, nelle sue idee. Irriducibile: per questo era stato esiliato a Tomsk mezzo secolo prima. E qui era rimasto.

Ecco, il punto è proprio questo, a Tomsk: tutti hanno un parente esiliato in famiglia. Forse per questo i siberiani sono ribelli, dissidenti da generazioni, geneticamente. E cosa puoi fare oggi, tra queste paludi, se hai la rivoluzione nel sangue? L'unica è portarla dentro i computer, compiere la sovversione digitale. In una parola, diventare hacker. Esattamente la cosa che Iskra sa fare meglio.

Con la forza dei vent'anni, quando si è incendiari, avvia il computer. Come aprendo la porta di casa, con uno sguardo registra ogni dettaglio, ogni soprammobile fuori posto.

Nel server della Tomline nota subito un file nuovo. È comparso all'improvviso: un grosso file compresso come un *kolbasa*, la salsiccia che le preparava sua nonna.

Il nome è Foia2009.zip. Iskra apre, senza rifletterci, e legge:

Pensiamo che la scienza del clima sia troppo importante da tenere coperta.

Qui vi proponiamo un po' di mail, codici e documenti, nella speranza che possano farvi capire cos'è questa scienza e chi sono le persone che si muovono dietro.

Vostro,
Mr Foia

È una ragazza cresciuta in fretta, Iskra. La nonna che preparava il *kolbasa* le diceva che la sua fortuna era sempre con lei, ci stava seduta sopra. Forme perfette, forgiate nel freddo siberiano. Iskra è sicura dei suoi vent'anni, della sua forza. Si misura ogni giorno con l'orizzonte infinito e ghiacciato: nulla le sembra troppo grande. Stavolta però è diverso. Aprendo voracemente, uno dopo l'altro, i testi e le immagini nella cartella zippata, sente crescere un senso di smarrimento.

Che ci fa un file del genere nel server di una società che offre sicurezza sulla rete? Cosa c'entra la Tomline con il clima?

4
Il diavolo nei dettagli

Il 20 novembre 2009 viene riportata all'ufficio di polizia della contea di Norfolk una falla nel sistema di sicurezza della University of East Anglia. Trattasi di una fuga di dati del Dipartimento di Ricerca sul clima. I dati riguardano, secondo denuncia, 3480 documenti, 1000 mail e 1073 stringhe di testo.

Un'investigazione viene aperta dalla squadra inquirente di Norfolk, guidata dal sovrintendente detective Gregory, supportato dall'ispettore detective Andy Guy. Viene chiesta una copertura della Squadra nazionale contro l'estremismo interno, dell'Unità di polizia centrale per i crimini digitali e del comando della polizia metropolitana di antiterrorismo.

Cosa c'entra poi l'antiterrorismo?

Il sovrintendente Gregory, un pezzo d'uomo che vede lontano, anche senza i suoi occhiali da miope, cerca di raccapezzarsi di fronte all'inchiesta appena approdata sulla sua scrivania. Gli hanno detto che ha la massima precedenza.

Qualche anno dopo – prima di lasciare per sempre la polizia per un posto più tranquillo all'autorità per la pesca – Julian Gregory converrà che non si trattava affatto di un gioco da ragazzini. Era un attacco sofisticato, ben orchestrato. Ma oggi, di fronte a quello che sembra un semplice scambio di mail, non riesce a comprendere l'urgenza. Le hanno dato persino un nome in codice: operazione Cabin.

Neanche per il piccolo David Entwistle, scomparso da Great Yarmouth nel 2003, c'è stata una mobilitazione come questa. Le immagini di quel bambino che spariva dopo essere uscito da un locale, a due minuti da casa, Gregory non riesce a togliersele dalla mente. Quando perdi un piccolo di sette anni, rivolti il mondo e non lo trovi, ti resta tutto dentro. A confronto questo scambio di mail sembra una sciocchezza. Eppure, evidentemente, non lo è. Per capirci qualcosa meglio iniziare a lavorare. I nomi sulle carte sono tanti, e tra questi c'è quello di Noah Liebermann, University of East Anglia.

Noah viene raggiunto dalle prime chiamate al pub Britannia di Norwich, un locale scalcinato che qualcuno vuole rilanciare con eventi musicali di dubbio gusto.

Sono le quattro di pomeriggio ma lui si è appena svegliato. Davanti a un boccale di birra, si accorge di una decina di chiamate perse sul cellulare. Sono i colleghi a cercarlo. C'è una voce che circola tra le scrivanie della facoltà trasformandola in un formicaio impazzito. Più di mille mail, una dietro l'altra, sarebbero state rubate, sottratte al vuoto pneumatico e discreto della rete, per riapparire all'improvviso nella memoria di un server russo, in una cittadina sperduta in Siberia, dove nevica che Dio la manda. E, guarda un po', sono tutte lettere sul cambiamento climatico, tutta quella trama di osservazioni, ricerche, numeri, che i climatologi della University of East Anglia, prima autorità in questo campo, si scambiano con il resto del mondo.

Noah è ancora assonnato. Sorseggia la sua birra scura e ripensa all'altra notte, al computer fermo, alla richiesta di password insistente come un gendarme. Ancora non sa che la guerra è iniziata e che la prima battaglia è già perduta, senza che nessuno se ne sia accorto.

Quando lo raggiungono i soliti compagni di bevute, prova a ragionare con loro. Sono studenti come lui, precari, pellegrini squattrinati della scienza o delle lettere, gente che osserva, si pone problemi, cerca risposte.

Le mail, quelle rubate come fossero la mela del paradiso, sono tutte filtrate, il pirata ha selezionato accuratamente le parole: dati, clima, temperatura, modello.

Forse sarà stato qualche giovane ricercatore che ha accesso al cuore e alle parole chiave del Dipartimento. Qualcuno come Noah che, ora, si dondola nervosamente tenendosi al tavolo appiccicoso del pub.

Dentro quelle mail non c'erano solo numeri e foto di tronchi: c'era una visione del mondo. Quella che i climatologi dell'Università vorrebbero esportare, prendere a riferimento per un pianeta affamato di verità. Loro, la verità, pensano di averla trovata. Molto semplicemente è l'uomo il peccato originale. È lui che si è mangiato la mela dell'inquinamento atmosferico. Anidride carbonica, protossido di azoto, metano, esafluoruro di zolfo, clorofluorocarburi. CO_2, N_2O, CH_4, SF_6, CFC. Un frutto avvelenato come la Terra che continua a riscaldarsi.

Ma lo scandalo dov'è? Chiede il giovane Noah nel pub di Norwich, mentre fuori piovono acqua e polemiche. Lui e i suoi compagni di bevute, gente che sa farsi le domande giuste anche dopo tre birre, sanno che lo scandalo è tutto nei tempi.

Da qui a venti giorni (un battito di ciglia in questo antropocene confuso), le Nazioni Unite hanno organizzato a Copenhagen il più grande evento sul riscaldamento globale.

Ci saranno tutti: ci sarà Obama, primo presidente ambientalista, i francesi del presidente Sarkozy, i tedeschi della Merkel, persino i russi del nuovo zar Putin potrebbero convincersi.

E invece… ora qualcosa può fermare la macchina.

Il diavolo è nei dettagli, perché tra le mille mail comparse all'improvviso in un server siberiano, ce ne sono poche dozzine (ma bastano) che gettano una luce oscura su un decennio di lavoro degli scienziati per dimostrare il riscaldamento globale. Anzi, quelle mail la luce potrebbero proprio spegnerla.

Con questa tormenta nella testa, non stupisce che Noah stia attaccando il quarto boccale di birra. Ma è solo al primo sorso quando il cellulare squilla di nuovo.

«Noah Liebermann?» Fa una voce meccanica che Noah non riconosce. «È convocato all'ufficio investigativo della polizia di Norwich. Con urgenza.»

5
Agenti climatici bovini

Leggermente alticcio, alle sette di sera, Liebermann raggiunge la sede della polizia di Norwich. È curioso, almeno quanto i poliziotti che lo interrogheranno. Correndo sotto la pioggia si infila in un palazzo ocra di mattoni a cortina che contrasta col grigio perenne del cielo cittadino.

Prima di lui hanno già parlato tutti: professori, amministratori, periti informatici. Dall'altra parte del tavolo un agente (di cui non sappiamo il nome) sta riordinando fogli coperti di appunti. Ha un'aria sbrigativa e fitte lentiggini da irlandese. Prima di iniziare gli dice che sarà una chiacchierata informale, non resterà traccia.

«Noah Liebermann?»

Per un attimo Noah si sente come il nonno siberiano immigrato, tanti anni fa.

«Sissignore!»

L'agente irlandese prende un foglio nuovo, pronto a compilarlo coi suoi dati.

«Studente?»

«Più o meno...»

«Tutto è relativo signor Liebermann, tutto è più o meno, in un'inchiesta.»

«E la giustizia non è di questo mondo...» Risponde Noah, cercando una linea di difesa. Ma perché dovrebbe difendersi poi, da cosa? Pensa tra sé, intuendo l'assurdità della situazione.

«Non esageri. Proviamo a mettere insieme le cose che ha visto. Le dispiace?»

«No. Ma ho visto poco.»

«Qui abbiamo un'enorme quantità di dati sottratti ai computer dell'ateneo.»

«Insomma, vuole sapere se qualcuno da dentro ha tradito?»

«Mi piacerebbe. Ma tradito cosa, esattamente?» Gli occhi azzurri dell'irlandese, stanati nel loro intento, si rianimano e guardano Noah con maggiore interesse.

«I dati sono riservati. Frutto di anni di ricerca. E qualcuno da fuori, a quello che so, aveva chiesto di poter vedere le carte.»

«Invece le risposte erano sempre state elusive, vero? Si negava l'accesso ai documenti, giusto?»

«Esatto. Più o meno...»

Sarà che prima era ancora assonato, saranno le quattro birre, ma solo ora Noah si sta rendendo conto di quello che è successo. Per questo ricostruisce, quasi parlando da solo, punto per punto, tentando di tracciare una linea.

«Lì dentro c'era tutto. Le carte, le temperature, i dati, persino gli anelli degli alberi, che dovevano inoppugnatamente dimostrare che il riscaldamento è reale e globale. Tutto era chiuso in quella memoria, negli archivi del Dipartimento di Ricerca sul clima. Per questo siamo in pochi ad avere le password.»

«Lei lo sa a cosa servivano quei dati? A chi erano destinati?»

«Sissignore! Era tutto pronto per entrare nella cartella clinica del prossimo congresso sul cambiamento climatico. Pagine e pagine che sarebbero diventate raccomandazioni dell'Onu alla politica. C'erano gli alberi di Yamal, i palloni aerostatici nel deserto del Nevada, i satelliti perduti nella ionosfera, le stazioni di rilevamento confinate in Antartide… Servono a dimostrare che l'uomo è un funambolo sconsiderato, corre su un filo sottile sotto cui ribollono oceani, si sciolgono ghiacciai, città fumano come foreste incendiate. È un equilibrio instabilissimo… basta un colpo di vento e viene giù tutto.»

A Noah sembra di leggere lo spaesamento negli occhi liquidi dell'agente irlandese, ma decide di non risparmiarlo. Ha bisogno di parlare, condividere con qualcuno. Parlare rilassa, è una delle prime regole empiriche della psicologia.

«A questo serve una conferenza per il clima. E ce n'è una ogni anno. Lei l'ha mai vista una conferenza delle Nazioni Unite, agente?»

Mentre lo racconta, Noah visualizza ciò che succederà tra pochi giorni. Burocrati e militanti mandati in guerra da quasi duecento Paesi in vecchi palazzi dei congressi tra interminabili corridoi come trincee. Edifici sterminati, spesso fuori mano, in qualche capitale del primo mondo. Per quattro giorni, davanti agli occhi di telecamere distratte, centinaia di persone si affronteranno, si inseguiranno, litigheranno, mercanteggeranno.

E la cosa più straordinaria è che la merce non sarà l'acciaio o il cemento, non saranno le stoffe e nemmeno i microchip. Né il vino, né l'olio, né il ferro, né il legno. La merce sarà impalpabile, disciolta nell'aria tanto che, se ci metti il naso, la respiri.

«Perché dice che è come una guerra? Quali sono i nemici?»

L'irlandese ha smesso di prendere appunti, la sua attenzione si sta consumando come lo stoppino di una candela.

«Tutto questo mondo invisibile è il nemico. Si combatte su qualunque cosa: i tetti dell'ozono, il protossido d'azoto. Vedrete ambasciatori in marsina accapigliarsi sul vapore acqueo, capi di gabinetto azzuffarsi sugli alocarburi. Vedrete professori anglosassoni accusare vecchi ministri sudamericani della flatulenza delle loro vacche. E i ministri offendersi. Negli appunti di ogni benedetta conferenza Onu ci trovate anche questo.»

«Anche le vacche?» L'attenzione dell'irlandese si è risvegliata all'improvviso.

«Sissignore! Il vento prodotto da centinaia di milioni

di vacche americane o europee (fa lo stesso), imbottite di ormoni e programmate da geni rivisti e corretti, riscalda il pianeta. Sono ogm a quattro zampe, economicamente iperefficienti, già quasi sezionate in bistecche. Eppure sono affette da flatulenze pericolose. Se le mettete a pascolare nella pampa o nelle grandi pianure americane, loro rumineranno, digeriranno ed espelleranno una trentina di chili di fieno al giorno. E intanto, mentre digeriscono praterie (per finire poi sulle nostre braci ardenti), valanghe di vitelli producono metano e protossido di azoto.»

Noah si è fatto trasportare e, come se già si trovasse seduto alla cattedra cui ambisce, spiega all'agente cosa succede nel ventre di quelle vacche. L'irlandese ascolta, quasi per inerzia, con una punta striminzita di curiosità: di vacche ne ha viste tante, intere distese sotto il cielo d'Irlanda. E mai le aveva considerate pericolosi agenti climatici.

«È semplice: negli stomaci verdi degli animali si annidano microrganismi famelici che aggrediscono tutto ciò che è organico e lo degradano. Producono gas, e poi lo scorreggiano, lo ruttano, insomma lo mandano fuori. Inesorabilmente, metano e protossido di azoto, una volta lasciati liberi dalle loro sorti intestinali, salgono. Rinascono, finalmente liberi di fluttuare, su, su, nell'atmosfera: da una vacca da macello fino a un posto in prima fila, panoramico. Più vicini a Dio. Una volta arrivata lassù la particella di metano sfuggita agli esofagi bovini fa il suo lavoro. CH_4: un atomo di carbonio e quattro di idrogeno. Un tetraedro, una molecola perfetta, col carbonio al centro e ai vertici gli atomi di idrogeno, qualcosa di simile a un apparecchio per i massaggi shiatsu ma infuocato. Con questi quattro atomi di idrogeno ai vertici è capace di trattenere il caldo trenta volte di più dell'anidride carbonica. Praticamente ogni particella di metano è come un piccolo termosifone di ghisa, di quelli dei nostri nonni. E non è finita, perché poi c'è il protossido di azoto, N_2O. Il gas esilarante. Fa ridere il protossido: due atomi di ozono sotto, come una cialda, e sopra la palla di ossigeno, come un gelato. È pure vagamente anestetico, ti dissocia, ti rintrona. Charlie Chaplin, in un film del 1914, lo faceva usare a Charlot dentista per sedare i suoi pazienti. Ma la più grande particolarità di questo gas è un'altra: è capace di trattenere il calore trecento volte più dell'anidride carbonica. Un tizzone perduto nell'atmosfera dall'odore vagamente dolce. E anche lui, che ci crediate o no, signore, viene dalla fermentazione del letame. Sempre merda di vacca, montagne che se ci respiri hai voglia a ridere.»

Ormai anche l'irlandese è rintronato, come se fosse stato nello studio dentistico di Charlot. Grattandosi la testa decide di interrompere Noah che, tra passione e bisogno di parlare, andrebbe avanti sino a notte.

«Signor Liebermann, ma perché mi sta raccontando tutto questo? Io volevo sapere solo se lei sospettasse di qualcuno in facoltà, qualche anima candida che possa aver passato le osservazioni dell'Istituto agli hacker russi. Non ci vedo troppa attinenza con le flatulenze atmosferiche e il letame di vacca.»

«Si sbaglia. Perché i vapori prodotti da vacche, cavalli e maiali sono un decimo di tutti i gas serra che riscaldano il nostro cielo. Dagli anni Sessanta al 2009 le emissioni da ventre delle nostre bestie sono aumentate del 50 per cento. E siccome l'appetito vien mangiando, tra altri cinquant'anni la nostra richiesta di carne sarà raddoppiata. Faccia lei i conti: nel 2060 vivremo in un mondo retto da flatulenze globali.»

Noah traffica con l'interno del cappotto e tira fuori una cartella stropicciata, una ventina di pagine spillate male, copiate peggio.

«Ecco qui, trova tutto nero su bianco, se lo legga lei!»

Il poliziotto rigira tra le mani la cartella, il cui titolo è: *Indicazioni per la politica: Gruppo intergovernativo sul cambiamento climatico*.

Gli occhi dell'irlandese passano velocemente dai fogli al volto di Noah.

Ormai si sono fatte le nove. Sono passate due ore: di interrogatorio, di chiacchierata, di difesa? Noah non lo sa. Si rende conto solo adesso che forse anche lui è sospettato. Da quell'agente senza nome, con un volto irlandese di lentiggini e occhi liquidi, che lo guarda senza emozione.

Respira, quasi uno sbuffo. Si aggiusta i capelli per darsi contegno. Quello che l'irlandese ora tiene tra le mani è un piano di battaglia. Il documento per le Nazioni Unite preparato dagli studiosi, dai climatologi più incorruttibili di questo pianeta troppo caldo. Noah non sa neanche se era autorizzato a prenderlo. Potrebbero sbatterlo fuori da tutto, anche dal suo destino precario di borsista.

Nessuno vuole far vedere troppo in giro questa roba. Come per ogni piano di guerra dietro c'è una strategia, ci sono scelte, convinzioni. Se viene fuori che qualcosa non torna, che non tutto è perfetto... è un problema.

Fuori continua a piovere. L'acqua batte sui vetri dell'ufficio investigativo della polizia di Norwich, Anglia Orientale. Ha sempre piovuto tanto da queste parti a novembre, non è colpa del cambiamento climatico. Eppure Noah sa bene che quello che sta per arrivare è un temporale senza precedenti.

6
Caffè americano

Siccome ha vent'anni e vive attaccata alle previsioni del tempo in attesa che arrivi una giornata di sole pallido in quella landa di esilio gelato, Iskra non ci mette molto a capire. Quelle che sono apparse in un angolo nascosto del suo regno digitale sono migliaia e migliaia di mail sul cambiamento climatico.

Professori che parlano fuori dai denti. Una dozzina di anni di storia della ricerca sul tempo compressa in una cartella zip. A Iskra basta leggere per capire la posta in gioco. Sono le carte di chi sta preparando documenti ufficiali, raccomandazioni formali alla politica, di chi vuole dare una direzione a coloro che le decisioni hanno il potere di prenderle, una volta per sempre.

Tutto scritto e filtrato con le parole chiave: dati, clima, temperatura, modello.

Intorno a lei l'ufficio si sta riempiendo, qualcuno entra nella sua stanza. Un collega le sorride e getta un'occhiata allo schermo. Non è voyeurismo, viene spontaneo a chi vive dentro a un pc. Iskra, d'istinto cambia la schermata. Ha la netta sensazione che si tratti di materiale che scotta. Da quelle parti non sai mai cos'è libero e cosa deve rimanere chiuso, serrato nelle profondità del server.

«Vuoi un altro caffè? Americano?» Chiede il collega che, come tanti, le gira intorno.

Iskra annuisce, distratta. Il caffè americano è gratificante: magari per un attimo riesci a pensare di essere in California. Intanto altri colleghi stanno prendendo posto nell'ufficio che odora di moquette umida, infradiciata dalla neve sotto le scarpe.

«Un giorno da dimenticare» nota qualcuno. «Se comincia con questa neve già a novembre...»

Il capo non è ancora arrivato e una donna grassa, sulla quarantina, accende la tv. Il notiziario, questa mattina, oltre alle previsioni del tempo, dice che tra pochi giorni ci sarà una conferenza sul clima a Copenhagen e che gli scienziati occidentali sostengono che il mondo si stia riscaldando a causa dell'uomo.

Mentre fuori continua a nevicare, qualcosa si accende nella mente di Iskra che, subito, riapre di soppiatto i documenti proibiti. Di fronte a lei, nella cartella Foia, gli stessi scienziati visti in tv parlano tra loro via mail.

Egregio, carissimo,

Ho appena finito di applicare quel trucco di aggiun-

gere le temperature reali, negli ultimi anni, per nascondere il fatto che altrimenti scenderebbero...

Abbracci

Amico mio,

Recentemente ho respinto due studi che parlavano della Siberia e dicevano che noi avevamo sbagliato sulle temperature, che non salivano come pensavamo. Li ho massacrati.

Non credo che entreranno negli studi...

Saluti

Iskra, per lavoro, deve trovare l'anello che non tiene. È allenata a vedere le faglie, a infilarcisi dentro, e quella che ha davanti ora è bella grossa. Ma non riguarda il mondo digitale. Riguarda tutto e tutti, dal bambino che sta nascendo là fuori, in qualche scalcinato ospedale russo, alla neve che non smette di scendere.

La tv non prende bene nelle lande siberiane, l'audio è intermittente, fastidioso. Eppure le previsioni si capiscono, basta un'occhiata.

Anche se le ragazze del meteo in tv sono sempre uguali: minigonne inguinali e sorriso d'ordinanza, persino quando annunciano il giorno del giudizio. Su qualche canale si trovano ancora vecchi colonnelli dell'aeronautica con gradi e mostrine, minacciosi come se dichiarassero guerra alla tormenta. Ma il senso non cambia: oggi sarà una pessima giornata.

La televisione si spegne magicamente poco prima che

entri il capo della Tomline, diretto verso il suo ufficio, senza un sorriso per nessuno.

Iskra lo lascia passare e riapre la cartella.

Carissimo,

Credo che nessuno di questi studi finirà nel rapporto del Gruppo intergovernativo sul cambiamento climatico. Li terremo fuori in tutti i modi. Anche se dovessimo riscrivere tutta la letteratura del caso!

Saluti

Continua a leggere, una mail dietro l'altra. Una selezione perfetta, già scremata, organizzata per Iskra e i suoi vent'anni, come per tutti gli altri che leggeranno, che forse stanno già leggendo.

Qui vi proponiamo un po' di lettere, codici e documenti, nella speranza che possano farvi capire cos'è questa scienza e chi sono le persone che si muovono dietro.

Una selezione curata in ogni particolare per minare la credibilità dell'autorevolissima scienza dei cambiamenti climatici. Lettere e documenti di cinque, sei luminari, non di più, che ruotano intorno alla prestigiosa University of East Anglia. Sono loro che scrivono le raccomandazioni per l'ultima conferenza internazionale. Quella che dovrebbe fermare, una volta per tutte, il riscaldamento globale e le emissioni verdi di gas serra, la mano dell'uomo sul clima.

A Iskra, con l'intuizione dei suoi vent'anni, è chiaro sin da subito: il signor Foia, chiunque esso sia, ha fatto un autentico massacro.

Dopo aver controllato che nessuno la stia guardando, Iskra copia l'intera cartella sull'hard disk che tiene sempre in borsa. Vuole avere il tempo di capire e sa che quei file compressi non rimarranno lì a lungo.

Non fa in tempo a finire il suo secondo caffè americano che il capo della Tomline, lo stesso che le ha chiesto di uscire una sera, si avvicina al suo desk, proprio mentre sta chiudendo la cartella di Foia.

Stavolta il direttore non è particolarmente romantico. Le intima di chiudere tutto e cancellare. Non è un gioco: quelle carte devono sparire dal server. Iskra fa ciò che deve fare ogni buona stagista: esegue.

Erase all.

Control + alt + canc

In un secondo il link è dissolto: via le carte compromettenti, le missive poco chiare. Nessuna memoria, tranne la sua e, come avrebbe scoperto più tardi, quella di altre migliaia di persone.

Iskra chiude la tasca della borsa in cui è riposto l'hard disk.

Alla Tomline cercano menti vergini, che non si fanno domande. Potrebbe bere il suo caffè sognando la California o magari l'assunzione. Ma il sangue che le ribolle nelle vene è siberiano, sangue esiliato, sangue di chi non lascia correre.

7
Do different

Do different.

Il motto della University of East Anglia dice questo: fai le cose in maniera diversa.

La scritta campeggia su uno stemma con tre corone d'oro, simbolo dell'antico regno dell'Anglia Orientale, sovrastate dal castello di Norwich e da un angelo con un libro e una spada. Difendete la sapienza e inventatevi qualcosa di nuovo.

Philip Jones è cresciuto in questa Università. Ha cominciato studiando modelli per prevedere le inondazioni del fiume Tyne che scende fino al Mare del Nord.

My river Tyne
but you're my pretty Fraulein
tonight we'll drink the old town dry.

Jones è un archeologo della meteorologia. La sua ossessione è ricostruire quello che abbiamo perduto, le temperature dei secoli passati. C'è chi si occupa di previsioni, lui si occupa di post-visioni.

Do different. Gli chiedevano di inventarsi qualcosa, e lui si è inventato un archivio senza fine: mille anni di storia del freddo e del caldo, un'onda che sale e che scende nel mare della storia dell'uomo.

Dal 200 al 300 si sta bene. Gli imperatori romani quando salgono su in Britannia, tutto sommato, trovano bel tempo. Il problema è che nel 300 inizia a fare un po' più freddo e Alarico, quando scende per prendersi Roma, ai valichi alpini non trova nessuno. Il professor Jones scuoterebbe la testa con un sorriso, ma in realtà l'Impero romano d'Occidente cade anche per questo: fa troppo freddo per presidiare le Alpi e i barbari, che soffrono di meno, sfondano i confini.

Carlo Magno, invece, vive felicemente il suo regno temperato. Poi all'improvviso, proprio intorno all'anno Mille, saranno le paure della fine del mondo, ma comincia a fare caldo. Poco: 0,5-0,6 gradi in più. Eppure fa caldo. Le viti producono uva fino al Nord, persino fin lì, a Norwich, dove adesso c'è il grande campo da golf della University of East Anglia. I monasteri spuntano come funghi in tutto il Nord Europa e finalmente hanno vino per la messa. Pochi decimali possono cambiare la vita, nel Medioevo, quando si sopravvive chiusi nei villaggi, al buio. Strade dissestate, città deserte, campi abbandonati da strappare alla foresta, alle paludi. Pochi viandanti che si avventurano al di là del recinto di casa, attraversando vecchie carcasse delle glorie romane. In quell'enorme campo santo di tempi migliori il caldo non è un dettaglio. Persino 0,5-0,6 gradi possono bastare per sopravvivere un altro anno. Invece di morire a trent'anni muori a trentuno, perché quell'inverno si gela di meno. Il lungo Medioevo caldo.

Ma chi lo ha tenuto questo conto? Dove li trovi questi termometri millenari?

Gli studenti, al corso del professor Jones, fanno sempre la stessa domanda. E anche la risposta è sempre la stessa. L'archeologia dell'ambiente si fa col sudore della fronte, ci si spacca la schiena. Come dice il vecchio Jones (che sta per essere rovinato da quelle mail rubate), bisogna solo scavare.

Certo, ci sono anche Rašit e Stepan, i dendrocronologi di Ekaterinburg, che cercano tronchi d'albero in Siberia. Ma intanto qualcun altro si è messo a scavare sul fondo del Mar dei Sargassi, o nel Golfo del Messico, o davanti al New England. Scavi nella nostra memoria globale, nel fondo del mare o dei laghi.

Al corso del professor Jones (che sta per perdere il posto) si spiega che per cominciare basta un tubo di due pollici e mezzo, meglio se d'alluminio. Con quello scavi e tiri fuori i sedimenti. Porti alla luce forme di vita essenziali. Il loro nome scientifico è «foraminiferi», portatori di fori, in pratica, amebe. Le trovi dappertutto: nelle acque degli oceani, nei laghi, nei fiumi, da un polo all'altro. I portatori di fori sono le prime forme di vita, e anche le ultime. Sono rimaste lì per milioni di anni e resteranno dopo di noi. Anche perché sono maledettamente brave ad adattarsi: vivono fluttuando nel plancton o ancorate al fondo degli oceani.

Questo lo sa bene il professor Jones (che tra poco penserà al suicidio). E sa anche che questi organismi per sopravvivere fanno quello che fa qualsiasi essere vivente: si proteggono. Ma per mettere su casa hanno bisogno di mattoni. E così questi protozoi trascorrono la loro vita a intrappolare ossigeno, quello che c'è nel fondo degli oceani, per produrre disperatamente carbonato di calcio. Se ci riesci sei salvo. Perché il carbonato di calcio alla fine è calce, è quello che qualsiasi manovale sa livellare sui mattoni, stendere sulle pareti o uniformare sui pavimenti. La calce è il primo elemento della civiltà dell'uomo (e anche dei foraminiferi!).

Inventati qualcosa! Così gli uomini abbandonano le caverne e costruiscono capanne, case, palazzi. È grazie alla calce se si salvano. Persino la struttura cubista della University of East Anglia è fatta di carbonato di calcio. Carbonato di calcio, ossido di calcio, cemento: $CaCO_3$.

I foraminiferi, giù nelle acque dell'oceano, passano la loro vita a intrappolare gli isotopi di ossigeno che gli servono per produrre una corazza: un muro di calcare che li protegga dal buio e dalla paura.

E qui entrano in gioco loro, i ricercatori della University of East Anglia, i professori dell'Università di Ekaterinburg, gli esperti del tavolo sui cambiamenti climatici.

Do different! E loro scavano, scavano. Mandano giù questi tubi nel freddo degli oceani. Li piantano sul fondo del mare e poi li tirano su: migliaia di anni in pochi metri di tubo Innocenti. È una ricetta, non puoi sbagliarti. Cercano i gusci di questi microfossili di foraminiferi. Raccolgono frammenti di conchiglie come fanno i bambini in estate sulla spiaggia. E poi mettono quello che hanno raccolto in una specie di fornetto che si chiama «spettrometro». Accendono, bruciano tutto e in quel fumo denso, come di arrosto carbonizzato, vanno in cerca degli isotopi.

Isos topos: un atomo di ossigeno, un mattone dell'esistenza. Eppure basta questo per capire se fa freddo o caldo. Il segreto è nel numero dei neutroni: li conti e hai una stima delle temperature. Perché, come sa bene il professor Jones (che sta per essere messo sotto inchiesta), l'ossigeno leggero, quello con meno neutroni, evapora prima. Quello pesante invece rimane lì, imprigionato in quelle vecchie conchiglie. Le conchiglie parlano in numeri: più ossigeno pesante contengono più faceva freddo, perché il calore ha fatto evaporare quello leggero e ha lasciato solo quello pesante in pasto ai poveri foraminiferi, spaventati dal buio dell'oceano.

Ha sempre pensato così, il professor Jones. E con lui tutti i climatologi della University of East Anglia. Capisci il periodo dagli strati in cui trovi le conchiglie e da lì sai se faceva caldo o freddo. E allora, quest'onda che sale e che scende, questo diagramma infernale del tempo nei secoli, il professor Jones e suoi studenti ce l'hanno ben chiaro davanti agli occhi. La lunga estate calda del Medioevo, una curva netta fino al 1225, circa. Qualcuno dei ragazzi nota che nel 1226, anno insolitamente un po' più freddo, muore Francesco d'Assisi.

Laudato sie... spetialmente messor lo frate Sole. Per una strana coincidenza il sole si affievolisce. Anche se, certo, non si può essere precisi. La curva (lo dice sempre il professor Jones, ai suoi allievi) è un enorme pettine del tempo che sale e scende. Caldo, freddo. Caldo, freddo. Se ti allontani vedi che dal 1226 i denti del pettine scendono verso il basso, come nelle mani sbilenche di un barbiere.

Et ellu è bellu e radiante cum grande splendore... La temperatura comincia a scendere e non si ferma. Da quel 1226 in cui muore il primo santo ambientalista, ci si può anche non credere, ma il mondo si raffredda.

La lezione del professor Jones (che sta per essere travolto) è solo all'inizio. La sua raccomandazione è *do different*: inventati qualcosa, ma tieni sempre la scienza dalla tua parte.

8
I guanti di Bruegel

Diceva sant'Agostino nelle esposizioni sui salmi: «Insegnami la scienza, illuminami la mente».

I luminari sono quella roba lì, sono quelli che ti fanno capire. E Sergei Kirpotin era un luminare. Iskra aveva avuto modo di seguire le sue lezioni all'Università di Tomsk. Per questo, previsioni a parte, ha qualche strumento per capire che quello scambio di mail non è un gioco da ragazzi. Uscendo dall'ufficio, con l'hard disk semicongelato stretto tra le mani, non può fare a meno di pensare a lui. Al luminare.

Kirpotin è un botanico ma si è specializzato nello studio del permafrost. È sceso dalle piante al terreno per studiare quella guaina che sembra cemento e invece è solo ghiaccio che non si scioglie mai. Iskra ricorda bene le sue lezioni. A Tomsk, a 6500 chilometri di distanza da Norwich e dal professor Jones, Sergei Kirpotin raccontava il seguito della storia, cos'era successo dopo la morte di san Francesco, quando il mondo si è, progressivamente, raffreddato.

Dopo il Medioevo caldo, quasi ci fosse una legge di compensazione, un contrappasso dantesco, è arrivata una piccola glaciazione.

«Si sale e si scende» diceva il professor Kirpotin, col dito fermo sulla curva. Erano i denti dello stesso pettine di Jones, lo stesso grafico da srotolare davanti agli occhi degli studenti.

Iskra aveva scelto di frequentare il corso di climatologia come esame a scelta. Le lezioni si tenevano in vecchie aule malandate, troppo grandi da riscaldare, che sapevano ancora di segatura bruciata e dissidenti politici. Il Burian, il vento siberiano, entrava senza complimenti dalle fessure, facendo volare i fogli.

Il professore, alla cattedra, scorreva le diapositive. Una, in particolare, era luminosa, e l'aula si era fatta bianca come la neve di fuori. Mostrava un quadro di Pieter Bruegel. Olio su tavola, 1565, 38×56 cm. L'opera più copiata di questo artista: *Paesaggio invernale con pattinatori e trappole per uccelli*. Sotto un cielo grigio e alberi scheletrici un villaggio fiammingo è avvolto in una foschia densa, come se fosse congelato. Fa freddo persino a guardarlo.

Per dipingerlo il vecchio Bruegel aveva messo il cavalletto in alto mentre guardava i suoi che pattinavano infagottati, su un fiume gelato. Anche i suoi guanti, infradiciati di colori, rischiavano di gelarsi, come ogni maledetta volta.

Tutto nel quadro è in pericolo, senza saperlo. Gli uomini, le donne, i bambini di Bruegel giocano a bocce, anzi a curling (le bocce hanno un manico). Sulla destra, in una radura ci sono esche e un filo, una trappola per gli uccelli che, ignari, stanno per morire. Anche i pattinatori sul fiume ghiacciato, in fondo, aspettano inconsapevoli la morte. Tutto è appeso, sul punto di spezzarsi.

«È il 1565. La piccola era glaciale è qui, sotto i vostri occhi.»

La diapositiva di Bruegel lascia il posto alla solita curva che comincia a scendere davvero dall'inizio del Cinquecento. In quegli anni che vanno dall'ascesa al trono di Enrico VIII in Inghilterra, 1509, passano per la Pace di Augusta, in Baviera, 1555, e arrivano alla fine della Dinastia Ming in Cina, nel 1644... in quegli anni si gela sempre di più. Un freddo boia!

Cosa succede quando la temperatura scende in media di 2 gradi? Succede che a Londra il Tamigi si gela, come se ci fosse nascosto da qualche parte il vecchio Bruegel. Prima i ragazzini cominciano a pattinarci sopra, poi qualcuno decide di piantare nel ghiaccio le baracche, i negozi, le giostre. E sul corso del Tamigi gelato si organizzano le fiere della brina, si va in carrozza sul fiume, trainati dai cavalli che galoppano su trenta centimetri di ghiaccio. Ci sono corse di tori, gare di slitte, barbecue improvvisati. Tanto non si muove nulla, tutto è cristallizzato dal freddo.

Dicono che all'ultima fiera della brina qualcuno avesse calato un elefante dal Ponte dei Frati Neri sul Tamigi (ma fu nel 1815, molti e molti anni dopo).

Succede ancora che nel 1558, in piena estate (una lunga estate fredda), l'invincibile armata del re Filippo viene massacrata da una serie mai vista di uragani artici al largo dell'Irlanda. Voleva invadere la Gran Bretagna il re cattolicissimo e, Dio lo perdoni, punire i protestanti miscredenti. Invece è costretto a ritornare in Spagna, con i soldati sopravvissuti: il freddo non perdona.

All'Università di Tomsk, alle lezioni di climatologia, non raccontavano molto della Siberia, perché nella piccola era glaciale, lassù, era meglio non andarci. C'erano solo i Nenec con le loro renne e i larici di Yamal, che tenevano puntigliosamente nota del tempo. Di quelli, invece, il professor Kirpotin parlava eccome. I botanici dell'Accademia delle Scienze sostengono che quando fa freddo gli alberi ci mettano di più a crescere, a maturare. E allora il legno è più duro, denso come la pece nera sotto il permafrost siberiano.

«Sapete perché i violini più famosi del mondo sono quelli costruiti dal liutaio Antonio Stradivari?» chiedeva Kirpotin all'aula, con gli occhi che brillavano. «Perché li faceva a partire dalla seconda metà del Seicento con il legno di abete rosso della Val di Fiemme, ai piedi delle Dolomiti, nell'Italia del Nord. Vi immaginate che freddo faceva nella seconda metà del Seicento lassù? Il legno che Stradivari piegava, come fosse cera, nelle forme di una viola d'amore era duro, durissimo. Per questo suonava così bene: quando è duro, denso come la roccia dolomitica, il legno fa tutta un'altra musica.»

Iskra sta pensando a Kirpotin, mentre con gli auricolari nelle orecchie ascolta la playlist (anche lei i Linkin Park) e si muove nello stesso paesaggio sospeso che ha attraversato di mattina. Si muove in equilibrio sulla neve. Saprebbe camminare anche sui tacchi. Chi vive a Tomsk sviluppa un senso per la neve che non si perde. E Iskra poi, questa sera, sa esattamente dove andare. Va spedita verso la periferia nord, vuole arrivare prima che faccia buio.

«Insegnami la scienza» diceva sant'Agostino. Kirpotin le ha insegnato che la terra dove vive è bianca e fredda di neve ed è meglio che rimanga così. Per questo vuole capire cosa sta succedendo, quale minaccia incombe su quella scienza che, ora, sembra a un tratto fragilissima. Per capirci qualcosa, però, ha bisogno di un altro tipo di luminare e sa precisamente dove trovarlo, fuori, dove la città degrada nella tundra.

9
RasPutin

RasPutin vive ai margini, in un quartiere di palazzoni da socialismo realizzato anni Settanta. Un posto sospeso tra negozi di vodka e rivenditori di computer. O bevi e dimentichi, o ti metti a battere sulla tastiera e diventi un hacker. RasPutin ha scelto la seconda. Quando Iskra arriva sotto casa sua, le serrande dei negozi sono tirate giù. Su qualcuna campeggiano i colori scrostati della bandiera russa. Rosso, blu e bianco. Sono nazionalisti da queste parti, anche i Si-Bears, le organizzazioni di hacker siberiani di cui RasPutin è fieramente membro. Il nazionalismo russo ha soldati letali nelle sue schiere. Solo un anno prima gli hacker di Tomsk si sono scatenati nel conflitto con la Georgia: hanno attaccato siti di tv, radio e agenzie. Prima di combattere, i georgiani avevano già perso.

Iskra sale le scale nell'androne avvolto dall'odore di

cavolo lesso e linoleum che sta lì da troppi anni. Vladimir, detto RasPutin, le apre: ha un sorriso da ragazzino e una barba tolstoiana. Impossibile dirne l'età. Come se fosse un richiamo irresistibile l'hacker torna alla tastiera, il suo regno, dove si muove leggero e veloce. Iskra siede vicino a lui e, dopo poche parole, si rende conto che sa già tutto. Sa che da un'università di scienziati occidentali, in Inghilterra, qualcuno ha sottratto 160 megabyte di dati. Tanti. Capaci di cambiare il mondo, di riscaldarlo. Iskra, che tiene in mano il suo hard disk, si sente ingenua e lo guarda stupita.

«Gli hacker esistono per questo. È semplice, sorella: gli hacker condividono materiale sensibile, illuminano le menti.»

«Ma qui qualcuno ha rubato...»

«L'hacker non ruba. L'hacker scopre.»

Iskra, diffidente per natura, sorride di quel modo oracolare di parlare, ma nel profondo non può nascondere la stima per RasPutin, per il suo sapere. «Illuminami la mente.» In fondo per questo è venuta da lui.

«E perché tutto finisce qui, in questa città di esuli abbandonata al freddo? Questo come lo spieghi, *batjuška*?»

Batjuška: piccolo padre. Un titolo che si riserva a chi merita rispetto. A chi conosce qualcosa che gli altri non sanno.

«Perché qui, sarà per questo freddo dannato, ma siamo sui computer per scappare. La libertà, in uno Stato autoritario, si guadagna solo se si riesce a costruire un mondo parallelo, virtuale.» RasPutin si muove senza apparente attrito e ritrova il file sottratto dell'università. È ancora lì, anche se è stato eliminato.

Iskra segue a stento i movimenti rapidi sullo schermo, RasPutin è troppo veloce persino per lei.

«È il lavoro degli hacker, far vedere quello che non si vede. Qui ci sono migliaia di ragazzini che lo fanno di mestiere. Io non c'entro nulla, ma manipolare la realtà è il nostro passatempo. Se no non sopravvivrebbe nessuno a un inverno a -20. Così, sorella, svuotiamo le carte di credito, distruggiamo le armate nemiche, sottraiamo le mail. Tutto incredibilmente semplice.»

Ma Iskra non si accontenta, vuole sapere.

«Un momento *batjuška*, ma con queste mail cosa ci guadagnano? Stavolta non ci sono soldi in ballo.»

L'hacker, senza smettere di muoversi leggero nel suo mondo parallelo di tasti silenziosi, risponde: «I russi sono fortissimi in matematica. I calcoli li fanno prima degli altri. Se qualcuno ruba mail sul clima vuol dire che il clima è materia pregiata. Siamo solo commercianti, sensali, mediatori. Prendiamo commissioni. Magari sotto forma di lavori che arriveranno domani da qualche azienda nazionale di energia, petrolio, idrocarburi... Tutto ha un prezzo, sorella. L'importante è che qualcuno paghi».

Iskra guarda giù dai vetri appannati del sesto piano. Le insegne dei nuovi supermercati, della grande distribuzione lampeggiano con più forza di qualche anno fa. I colori sgargianti urlano offerte: whisky, vodka. Eppure l'alcol qui si è sempre venduto bene ai dissidenti. Le pubblicità non si rivolgono agli hacker, chiusi in quella palazzina scrostata. Parlano ai nuovi petrolieri, cacciatori di tesori in quella landa desolata. Sono i pionieri del gas e della torba congelata che vogliono perforare il permafrost russo.

Iskra fissa la barba tolstoiana di RasPutin. Sul braccio ha il tatuaggio di un orso, il marchio dei Si-Bears. Sa bene Iskra che quelli come lui hanno relazioni pericolose con il governo e le grandi aziende di idrocarburi. I cercatori di gas hanno bisogno di alleati e hanno soldi per comprarli.

«Pensaci bene, sorella. La Siberia è seduta sulla sua fortuna. Esattamente come te.»

Nel sangue di Iskra, figlia della steppa, ci sono gocce di cacciatori caucasici e di esuli europei. E RasPutin è stato innamorato, Dio sa quanto, di quella ragazzina sveglia, delle sue forme strepitose. Poi però la vita lo ha portato da un'altra parte, chino sulla tastiera, senza la voglia di alzare lo sguardo.

«La steppa è seduta su un immenso giacimento di idrocarburi. Solo che tutto questo ben di Dio sta lì sotto al freddo, conservato come un quarto di bue in macelleria.»

RasPutin sa trovare le parole giuste e le sa digitare senza quasi toccare la tastiera, come le mani di un pianista. Il suo nome viene pronunciato con una certa riverenza dai tempi della guerra in Georgia. Si diceva che fosse stato proprio lui a penetrare nel sistema della radio pubblica di Tbilisi, in quel 2008 di guerra. È diventato un mito, un guru che si esibisce nelle gare nazionali di pirateria informatica.

I nostri hacker patriottici. RasPutin ha tappezzato la casa di bandiere russe, e se è figlio o nipote di dissidenti, ormai, non si vede più.

«Funziona così. Per anni le spedizioni dei petrolieri arrivano su, fino alla penisola di Yamal. Alla fine trovano il gas: 26mila miliardi di metri cubi di riserve di gas naturali. Resti di animali e piante tenuti a fermentare senza ossigeno là sotto, al freddo per milioni di anni. La chimica è lo studio dei cambiamenti: elettroni, molecole, elementi che si combinano e cambiano in composti. È un ciclo di reazione e dissoluzione. Così, sorella, gli alberi siberiani, le foglie e i tronchi, le zanzare, le renne: tutto si trasforma al gelo. Ci vogliono milioni di anni, ma tanto nessuno ha fretta. E alla fine ecco una torba scura, un impasto di carbonio messo a fermentare. In pratica un mare di idrocarburi sommerso sotto la penisola di Yamal.»

Iskra pensa alla Žiguli scassata, a suo padre con le valigie, alla sua dacia con i vetri ghiacciati in quei lunghi pomeriggi a contare i larici, a far scorrere lo sguardo sui loro tronchi.

«È un gioco enorme. Perché se vogliono ne trovano talmente tanto di gas, da poter riscaldare tutta la Siberia e trasformarla in una spiaggia caraibica. La Gazprom, la madre di tutte le compagnie russe, si mette a costruire porti, strade, aeroporti. E tutto parte da lì, dalle paludi dello Yamal.»

Sono passati solo dieci anni da quella spedizione di

Rašit Chantemirov e Stepan Shijatov in cui se ne andavano con la loro canoa militare e i loro baffi da Stalin in cerca di tronchi. Mettevano le mani nella torba gelata, per scrivere la storia del tempo.

Ora quella terra non si riconosce più: decine di campi di estrazione, migliaia di chilometri di oleodotti in costruzione. Dove hanno ripescato gli alberi per contare gli anelli adesso vogliono portar via il gas per contare i quattrini, per riscaldare l'Europa che ha freddo. Basta fare i conti e a Tomsk li hanno sempre saputi fare: 26mila miliardi di metri cubi stimati. Un metro cubo di gas al consumatore, giù in Europa, costa 30 centesimi di dollaro, quindi 7800 miliardi. In più ci possono mettere 300 milioni di tonnellate di petrolio e un miliardo e mezzo di tonnellate di gas condensato. Non si sbagliano i contabili siberiani, affamati da decenni di dissidenza e adesso seduti sulla loro fortuna. Tutto il Paese dovrebbe lavorare dieci anni per fare tanti soldi. Dieci volte il prodotto interno della grande Madre Russia. I figli della steppa sanno essere lucidi e adesso hanno capito che sono ricchi sfondati.

Suona il telefono nella stanza tappezzata di bandiere russe. Iskra guarda la cornetta che non smette di tremare e pensa che è strano che in quella casa connessa col mondo ci sia solo un telefono a parete, residuato del socialismo reale. Pensa anche che è strano che Vladimir non risponda, che faccia finta di nulla e lo lasci lì, a squillare. Una, due, tre... dieci volte.

«Non ti distrarre, sorella! Non abbiamo molto tempo.»

Il telefono squilla ancora, e ancora nessuno risponde.

«Ora pensaci bene. Se il clima si scioglie un po', se il termometro siberiano sale di 2 gradi (due piccoli, insignificanti gradi) quel maledetto permafrost sul quale si spuntano le nostre trivelle si scioglie, si assottiglia e magari il gas viene fuori da solo. Magari tutto quel ben di Dio si raggiunge più facilmente. Non devi spaccarti la schiena a frantumare il ghiaccio. Ecco perché, alla fine, il riscaldamento globale a noi, al gelo della Siberia, non dispiace neanche tanto...»

Stavolta è il campanello che suona. RasPutin ha una reazione immediata e indica a Iskra una porta che dà sulla scala esterna, di emergenza.

«Vattene, sorella!»

Iskra non si prende il tempo di pensare.

«Grazie, *batjuška*!» Sussurra, senza neanche sapere perché, mentre è già sulla scaletta che traballa. Respira il freddo improvviso, cercando di mantenere l'equilibrio.

Quando scende in strada, vede due auto con i motori accesi davanti all'ingresso del palazzo. Sono auto della Fsb. Si domanda se qualcuno l'abbia vista, poi tira dritto, attraversa un viale trafficato di gente che torna a casa e passa veloce. Nessuno la nota.

Forse per mimetizzarsi Iskra entra in uno dei *produkti* là davanti. Si chiama Atomic e ha un'insegna al neon, come in California negli anni Sessanta: un trifoglio radioattivo, tanto per non dimenticare dove siamo. Tutto a Tomsk avviene ancora all'ombra di una guerra fredda. Iskra compra una bottiglia di vodka da portare a casa. Pensa di averne bisogno.

10
Folgori, voci, scoppi di tuono

Il primo meteorologo ad accorgersi che sta per arrivare una tempesta si chiama Gavin Schmidt.

Martedì 17 novembre 2009 (forse il 17 non è casuale), alle 6.20 del mattino qualcuno tenta di caricare dei file pirata sul suo sito, Real Climate, dove si sostiene che la climatologia sia una cosa seria: per scienziati, non per ideologi.

Gavin si è appena svegliato nella sua casa di New York dopo una notte tormentata da uno strano mal di testa. Va sul suo blog per inerzia, ancora assonnato, pensando di trovare nuovi commenti. Ma non riesce a entrare. Qualcun altro ne ha preso il controllo. Il blog è disabilitato.

«Non è possibile: cominciamo già a quest'ora con i problemi.» Gavin si massaggia gli occhi doloranti e chiama la compagnia che gestisce il server. Quando finalmente riesce ad accedere si accorge che nella schermata grigia è apparso un post, la firma di chi, come un'entità aliena, ha preso possesso delle sue pagine.

NON NASCONDETE LA SCIENZA DEL CLIMA.

E subito dopo, come fantasmi, compaiono le prime righe di almeno venti lettere rubate.

«È una offerta limitata, sbrigatevi! Scaricate adesso!»

Gavin comincia ad agitarsi. Nota subito che il link è di un lontano server russo: http://ftp.tomcity.ru/incoming/free/FOIA2009.zip. Che sia un server russo non lo sorprende neanche un po'. Non è un buon segno, e Gavin non riesce a non preoccuparsi.

Ci sono mail di tutti i suoi amici climatologi. In una il professor Jones, su a Norwich, Inghilterra, scrive della morte di un vecchio nemico, un professore scettico di ogni cambiamento climatico: «Gran bella notizia!». Proclama entusiasta. In un'altra, il professor Michael Mann, altro teorico del riscaldamento globale, parla di «biancheria sporca da lavare in casa».

Gavin sente montare l'angoscia. Sono le 6.20 e non è un bel modo di cominciare la giornata. Il mal di testa che si trascina dalla sera prima si prende le tempie e tutta la parte posteriore del cranio.

All'alba di un giorno freddo a Manhattan, Gavin, senza pensarci troppo, sfiora due tasti e cancella tutto. I climatologi, studiosi della scienza dei cambiamenti, pensano che tutto scorra. Non sono abituati alla eternità immutabile di una memoria ram. Non sanno che ciò che è creato, in un mondo digitale, non può essere cancellato: resta per sempre.

L'alba arriva sei ore dopo in California, a San Francisco. Il secondo ad accorgersi della tempesta si chiama Charles Rotter. Charles cura un altro sito, Watts Up With That? In questa guerra calda, caldissima, lui sta dall'altra parte. È scettico. Il suo sito fa capo a Anthony Watts, un meteorologo californiano che non condivide la preoccupazione di tanti colleghi. «State calmi! State tranquilli! Non c'è nessuna emergenza sul clima. Nessuna!»

Charles vede il link con la firma, Foia, Freedom of Information Act, la legge britannica sulla libertà di informazione. Il link porta a una società russa, la Tomline di Tomsk. Charles sobbalza sulla sedia. «Hacker siberiani. Ma che diavolo...»

Capisce di avere tra le mani qualcosa che scotta. Copia tutto, senza fretta: tanto è indelebile, eterno. Sfiora due tasti e copia su un cd.

Il terzo a sapere si chiama Steve Mosher, anche lui attivista contro il dogma del cambiamento climatico. Ha scritto libri e, tra le tante cose, fa il consulente informatico: con internet ci mangia. Con Charles non condivide solo lo scetticismo ma anche il suo appartamento (a San Francisco gli affitti costano cari). È proprio dal suo coinquilino, quella mattina, riceve il cd con mille mail e tremila documenti. Intuisce che c'è aria di tempesta e, subito, comincia a radunare i suoi.

Dura un attimo quella mattina. Le mail vengono sparate da un server saudita sul sito AirVent, fiero oppositore del riscaldamento globale. E quattro. Poi compaiono in Arizona, sul blog del coyote.

«Niente paura! Il cambiamento climatico è solo una esagerazione.» Il coyote si chiama Warren Meyer e non smette di sorridere mentre digita il post ripetendo quello che ha sempre sostenuto. Ora, però, ha le prove: è lui il quinto.

Il sesto si chiama Stephen McIntyre. Statistico canadese, consulente minerario. Il suo sito, Climate Audit, è costruito intorno a un motto: «Verificate tutto. Non credete alle sciocchezze che vi dicono». Stephen ritrova, nella marea di documenti che gli arrivano, alcune mail che riguardano sue vecchie richieste alla Facoltà di Climatologia dell'Anglia Orientale. Prima cordiali, poi neutre, infine quasi scortesi. Il contenuto non cambia: «Fatemi vedere le carte. Fatemi vedere i numeri. Fatemi capire». Anche la risposta rimane la stessa: «Richiesta respinta».

Stephen, come san Tommaso, voleva vedere le prove. Non ci credeva a quell'impennarsi di temperature improvvise, proprio negli ultimi anni. E adesso, finalmente, quelle carte erano lì, dispiegate davanti a lui, messe in ordine per parole chiave. Dai dati statistici sembrava che il professor Jones e il suo amico, il dottor Keith Briffa, avessero utilizzato solo i campioni che gli erano utili. Che si allineavano alle temperature reali, registrate dai termometri. Tra tutti gli alberi considerati loro ne avevano selezionati solo alcuni, proprio quelli che con i loro cerchi potevano confermare quelle temperature: gli alberi più influenti del mondo. Perché gli altri non andavano bene, non funzionavano per fare vedere che il caldo saliva. Anzi, andavano al contrario, avevano freddo.

Yad041 non andava. Yad071 non serviva. Invece Yad061, per esempio, era perfetto, era il prescelto. Magari perché era cresciuto all'ombra, aveva passato la sua vita chiuso in un dirupo a cercare il sole e alla fine lo aveva visto. Forse erano morti i compagni che gli avevano fatto ombra per una vita e, finalmente, si era riscaldato. E così Yad061 aveva sentito il sole solo dopo un po' e lo aveva lasciato scritto nelle sue memorie, nei circoli dei rami, come scriveva Leonardo da Vinci. Yad061 seguiva il modello tracciato dai climatologi di mezzo mondo. Gli altri no. In quelle carte c'era qualcosa che poteva invalidare tutte le cronologie degli alberi da dopo gli anni Sessanta.

Alla fine di quella giornata, Stephen scrive: «È successo un miracolo!». E dal suo punto di vista è proprio così. Non deve far altro che aspettare, seduto comodamente al pc, che le mail si diffondano come metastasi nella rete.

È solo questione di tempo.

Tic, toc. Tic, toc.

«Lo senti? Non è un orologio, non segna alcuna ora. Eppure è più preciso di un cronometro.»

Tic, toc.

Tic, toc.

Noah Liebermann è nella pancia della balena, una grotta di ghiaccio. Il ghiacciaio dei Forni, a duecento chilometri da Milano, in Valtellina. Il più grande delle Alpi.

Un'enorme volta blu, come il mare ma, se si cambia punto di vista, cambia anche il colore: bianco, azzurro, rosa. Il colore muta in continuazione, ma il rumore resta quello. *Tic toc, tic toc.* Gocce che cadono, pioggia fosforescente dentro una caverna di neve. Stalattiti, piccoli iceberg portati via dal torrente che scorre là sotto. Mostri di neve che si formano e si consumano nello spazio di un mattino.

T-shirt e sneaker, totalmente impreparato, Noah è salito sin lassù per un lavoro di un'associazione ambientalista. Riprese, foto e campionatura della grande balena bianca. In testa, per ripararsi dal sole, ha il capellino della sua high school, finita pochi anni prima con ottimi voti. Uno dei cimeli sopravvissuti all'inondazione della sua casa che ha inchiodato per sempre Noah ai larici, al protossido di azoto, al ghiaccio che si scioglie.

La sua guida si chiama Martin e viene da un paese giù a valle. È biologo, geologo, filosofo e persino profeta. Parla un inglese perfetto e, soprattutto, è un uomo organizzato. Ha steso ramponi, asce, funi ai suoi piedi prima di entrare.

«Se ce li portiamo non ne avremo bisogno.»

Ha acceso il gps, come se fosse un rito salvifico, l'unico modo per farsi ritrovare se dovesse crollare tutto.

Perché la verità è che davvero questa caverna delle meraviglie sta venendo giù goccia a goccia e domani non ci sarà più.

Tic, toc. Tic, toc.

«Sai come si scioglie un ghiacciaio, Noah? Non è come un cubetto nel bicchiere di un doppio malto *on the rocks*, non lo vedi fondere lentamente. Un ghiacciaio che sta qui da 10mila anni, come questo, quando comincia a frantumarsi, se ne va in meno di un secolo. Rispetto alla sua storia è come una fucilata, un attimo.»

Martin fa la guida nel parco nazionale come il padre e come il nonno. Anche lui è rimasto. Solo che ha studiato: è stato chino per anni sui libri per capire meglio quello che i suoi riuscivano solo a intuire. Peccato che suo figlio non potrà farlo questo lavoro, perché il ghiacciaio non ci sarà più.

Sono venuti su dal vecchio hotel dei Forni, che è un castello di fine Ottocento, con i merli e le torrette di avvistamento. Ci dormivano i borghesi che salivano su dalla città per vedere il gigante.

«Il più grande delle Alpi, Noah, credimi. Venti chilometri quadrati di gelo compatto, duro come il marmo di Carrara. Venivano da tutta Europa, facevano le foto, con i cavalletti e i lampi al magnesio. Abbiamo interi album che ci fanno capire cosa è successo, come collassa un ghiacciaio. Oggi il gigante è la metà.»

Noah le ha viste quelle foto giù all'albergo: nel 1890, in un bianco e nero sfocato, si vedono colate di neve che sembrano lava smagliante. Centovent'anni dopo, nella stessa posizione, ci sono solo margherite e qualche larice. Il gigante è un malato terminale che si rattrappisce, affetto da una febbre con temperature troppo alte. È matematica: la neve deve accumularsi in inverno, più di quanto si sciolga in estate. Se il termometro sale, la neve non si accumula. *Tic, toc.* È solo questione di tempo. Il gigante accaldato si è già diviso in tre frammenti. Barcolla, collassa, si accorcia ormai di decine di metri ogni anno.

D'accordo, è già successo: in quattro miliardi e mezzo di anni la Terra si è già riscaldata e poi raffreddata mille volte. Tra un milione di anni, magari tutto tornerà com'era, persino questa grotta azzurra che sta venendo giù. Ma andate a dirglielo a quelli del Comitato glaciologico, quelli come Martin che da un secolo misurano, si affannano, si disperano dietro alle lingue di ghiaccio che si ritirano.

«Nulla è mai successo così velocemente, Noah. Nulla.»

11
Cronaca di una tempesta

In poche ore la grande armata degli scettici è stata informata, lo scandalo apparecchiato. Le mail incriminanti non sono molte nel mare di dati raccolti puntigliosamente, ma sono abbastanza per far sciogliere la credibilità degli esperti come neve al sole. Il capo d'imputazione è pronto: sembra che l'esercito del riscaldamento globale, gli scienziati che preparano i documenti per le Nazioni Unite, per i governanti del mondo, gestiscano tutto come un circolo di amici, un club esclusivo, come se gli altri, quelli che non la pensano come loro, debbano essere tenuti fuori.

«Chi non vede i danni che combina l'uomo, è contro di noi.» Questo il messaggio che emerge da alcune (solo alcune, signori della corte!) di quelle mail.

Gli stralci di conversazione che lampeggiano in quelle ore sui computer dei blogger e degli scienziati più diffidenti, degli attivisti agnostici, dei conservatori americani, in apparenza non lasciano molti dubbi.

«Come nascondere il calo delle temperature?» Scriveva il vecchio professor Jones dalla University of East Anglia.

«Che tecnica usare?» Rispondeva il professor Michael Mann dall'Università della Pennsylvania.

«Cancelliamo. Riscriviamo.»

Tra le tante, anche mail dai blog più scettici che chiedono spiegazioni sugli alberi di Yamal: «Le vostre valutazioni sono sbagliate, i larici siberiani non hanno mai sentito il riscaldamento di cui parlate. Mostrateci gli anelli, fateci vedere questi tronchi, queste macchine prodigiose del tempo».

E a ogni richiesta di dati, di lumi, la risposta è sempre, inesorabilmente la stessa: domanda rigettata.

Qualche ora dopo, il pirata che sta per scatenare la guerra mondiale del clima e degli alberi, compare misteriosamente con un altro post. Scrive a Steve Mosher, il terzo blogger ad aver ricevuto il materiale trafugato. È risentito l'hacker, come una divinità che non viene ringraziata per aver mandato la pioggia dopo anni di siccità: «Ma come!? Io vi ho dato tutto questo ben di Dio! Potete rivoltare tutto! Mostrare che i nostri nemici si fanno beffa di noi, ci prendono in giro, cambiano le carte in tavola. Potete far vedere al mondo che magari il riscaldamento globale non esiste proprio. E qui... non succede nulla!».

Il 19 novembre, anno del signore 2009, all'ora dei vespri, Steve Mosher, laurea con lode all'Università Northwestern in Letteratura inglese e Filosofia (scettico per natura e per convinzione) non si è ancora mosso dalla tastiera. Ha la coscienza a posto, sa di aver seminato e di dover aspettare fiducioso il raccolto. Così risponde, con gratitudine, a quel pirata, chiunque esso sia: «Grazie! Non temere: molto succede dietro le quinte. Nulla verrà ignorato. Abbiamo organizzato tutto. Vedrai... cominciamo tra pochissimo».

E, infatti, è proprio così.

Mentre Martin lo conduce fuori dalla grotta, Noah non dice una parola. Osserva altre caverne effimere che si aprono come bocche all'inizio della lingua di ghiaccio. Durano un niente queste grotte. Pochi secondi nella vita millenaria di un ghiacciaio che sta qui dal tempo immemorabile di un'era geologica.

Non parla, Noah, sotto il suo capellino da high school fuori tempo massimo. Adesso ha solo una strana fretta. Tra cento anni non ci sarà più niente. Solo queste rocce metamorfiche fatte di quarzo, clorite e albite, levigate da milioni di anni di ghiaccio alpino che ci passa sopra. Neanche se qualcuno usasse carta vetrata sarebbe capace di fare un lavoro così. Noah sente la fretta nelle gambe, nelle mani. Se ne frega delle corde, dei rampini, del gps che è l'unica cosa che può salvarti la vita se cadi in un crepaccio.

Tutto muta troppo velocemente. Non è come nel mondo eterno del digitale. Tutto cambia sul ghiacciaio dei Forni e, una volta cambiato, non torna più.

Uscito dalla grotta è accecato dai riflessi della neve in

quella giornata di sole. Eppure, la polvere la vede subito. Il gigante è sporco, ha un vestito grigio e lacero. Sono polveri, detriti, sospensioni: è tutto inquinamento. Noah si mette a fare quello per cui è venuto, raccoglie il pulviscolo, recupera il sedimento che insozza il velo bianco del gigante.

Martin lo accompagna: «Si chiama crioconite, Noah. Ci trovi dentro materiali organici e inorganici, particelle di roccia, carbone, funghi. Resti vegetali e animali. Persino polveri di soldati morti quassù cento anni fa, mentre combattevano la Grande Guerra. Italiani contro austriaci. Li hai visti prima, salendo, i fili spinati lungo il sentiero? Se ne stanno lì in buon ordine, arrotolati, come se potessero sempre servire a chi domani volesse tornare a combattere, quassù. Pensa che, ogni tanto, mentre il ghiacciaio si scioglie, restituisce anche corpi interi dei vecchi soldati, con le granate che non hanno fatto in tempo a tirare. Il ghiaccio è una spugna perfetta, tiene dentro tutto».

Noah, che questo lo sa bene, sta prelevando campioni dalle coppette crioconiche, piccoli fori naturali del ghiaccio, come i buchi nella groviera. Raccoglie la polvere dei sedimenti sovraglaciali per poi farla analizzare. Pensava di trovare più materiale: il ghiacciaio dei Forni, gigante malato arrampicato ai piedi dell'Ortles, conserva poco ormai.

Quasi leggendo la sua delusione, Martin continua a raccontare: «Nelle analisi scoprirai che quassù c'è molta più vita di quanto pensi, Noah. Troverai tracce di radioattività passata, di quando arrivò la nube di Černobyl', per esempio, lasciando particelle di cesio. Roba che, se si scioglie tutto, qualcuno finirà per bere. Oppure particelle di microplastica e residui di paradiclorodifeniltricloroetano, Ddt, che non produciamo da anni, e invece, almeno un po', si è depositato quassù. Ma soprattutto qui ci sono batteri. Qualcuno dice che sono loro ad annerire il ghiaccio».

Noah smette di raccogliere e lo guarda, incuriosito. «Che tipo di batteri?»

«Microrganismi misteriosi che hanno imparato a resistere, Noah. Hanno lottato nella loro tomba di ghiaccio, adattando respirazione e fotosintesi. Non li abbiamo mai incontrati prima e adesso abbiamo paura. Come di tutto ciò che non vediamo. L'Università Statale di Milano ha fatto arrampicare fin quassù i suoi biologi, e loro sostengono che questi microrganismi sconosciuti possono essere pericolosi, resistenti agli antibiotici. È una guerra senza fine. Alexander Fleming scopre la penicillina nel 1928 e da lì i batteri rispondono, diventano sempre più resistenti, ma anche gli antibiotici sono più forti. Solo che da qualche parte, magari non qui, magari in Antartide, o in Siberia dove il ghiaccio ha centinaia di migliaia di anni, antichi batteri primitivi, come fossero microrganismi giurassici, sono sopravvissuti. Rimasti vivi. E poi, quando la tomba collassa, escono. A volte ritornano, Noah.»

Martin sorride del suo tono solenne, ma sa che c'è poco da sdrammatizzare. Ha studiato la storia del *Carnobacterium pleistocenium*. La Nasa lo ha riportato in vita solo nel 2005. Era lì, addormentato nel permafrost, in Alaska, da 32mila anni. Poi qualcuno lo ha tirato via seguendo un vecchio tunnel del Trans-Alaska PipeLine, scavato negli anni Sessanta. Appena scongelato, il *Carnobacterium* si è messo tranquillamente a nuotare nell'acqua di fusione, come se si fosse risvegliato in una piscina termale, pronto a mangiare e moltiplicarsi di nuovo. Neanche un po' raffreddato, dopo 320 secoli sotto zero.

Oppure l'antrace, il temibile *Bacillus Anthracis*. Sopravvive perché si racchiude in spore, gusci che non temono nulla, neanche i 30 o i 40 gradi sotto zero. Ma può uscire allo scoperto, e attaccare. È già successo, un secolo fa. L'antrace nella penisola di Yamal sterminò un milione di renne. Non fu facile seppellirle tutte. Hanno giusto buttato sopra un po' di terra, tanto sapevano che poi arrivava il gelo a prendersele. Il permafrost non si scava. È duro come roccia, finché non si scioglie. Solo che adesso si scioglie. E così, nel distretto di Nenex Yamal, cento persone finiscono in ospedale e un ragazzino di quattordici anni non ce la fa, muore per un batterio che lo ha aspettato un secolo, al freddo, in una carcassa di renna.

«Il gelo fa strani scherzi, Noah. Dal ghiaccio possono tornare antiche epidemie del Diciottesimo e Diciannovesimo secolo. Dalle fosse comuni congelate in Siberia potrebbe tornare il vaiolo del 1890, quando nei centri abitati moriva il 40 per cento della popolazione. Nel ghiaccio possono sopravvivere i geni del virus H1N1, l'influenza spagnola: 500 milioni di persone infettate, 50 milioni di morti. Ora, Noah, domandati: e se sotto l'infinita massa gelata dell'Artico e dell'Antartico, nei ghiacciai che occupano il 10 per cento della superficie del nostro mondo, e che si sciolgono così velocemente, ci fossero batteri, e fossero pericolosi?»

La domanda di Martin rimane sospesa nell'aria rarefatta, mentre Noah sente di nuovo quella strana fretta.

Tic, toc. Tic, toc.

12
Il giorno dopo

Il giorno dopo, il 20 novembre 2009, è un venerdì.

Si fa la fila in edicola. I giornali, per alcuni, sono ancora il rito del mattino. Si sfiora, si accarezza un plico di carta stampata che sa di inchiostro e sporca le mani in metropolitana quando cominci a leggere, ancora sonnecchiando.

Il giornale «The Guardian» attacca: tredici anni di mail privatissime pubblicate in rete. Sono i climatologi più importanti del mondo che si scrivono. I loro avversari, gli scettici del riscaldamento globale, adesso sostengono di avere in mano la pistola fumante. La prova di una grande cospirazione per dimostrare che il cambiamento climatico è vero ed è in gran parte da attribuire all'azione dell'uomo.

Philip Jones, il professore, appoggia sul tavolo della cucina il «Guardian» fresco, appena comprato. Sorseggia il suo caffè e apre il quotidiano. Le mani gli si sporcano d'inchiostro e, senza bisogno di continuare a leggere, pensa che sia tutto finito.

Intanto, migliaia di chilometri più a est, a Tomsk, il telefono del professor Kirpotin inizia a squillare. Sono i giornali occidentali.

Da quando ha cominciato a collaborare con l'Università di Oxford, Kirpotin, il professor «permafrost», è entrato nell'agenda di tutta la stampa britannica. Ma difficilmente lo chiamano. Non è preparato al fiume di domande che sta per travolgerlo.

«Perché le mail sono finite in Siberia, a Tomsk, dove lei insegna?»

«Ne sapeva niente?»

«Quali interessi hanno i servizi russi in tutta questa storia?»

«Chi vuole affondare la conferenza sul clima?»

Kirpotin sa che c'è un tempo per parlare e un tempo per tacere. La prudenza, prima virtù cardinale, è qualcosa che, se si vive in una città di antichi dissidenti, viene naturale. Kirpotin non risponde. I quotidiani internazionali scriveranno che «il professore non era disponibile e non avrebbe commentato la storia delle mail rubate». Ma i giornalisti continuano a chiamare.

«Professore, ma lei sa come funziona la stampa: non c'è bisogno di parlare per parlare.»

«Non so come funziona la stampa. Io sono un botanico. Al massimo posso dire qualcosa sulla carta dove stampate il giornale.»

«Esatto! Proprio da botanico ci può dire qualcosa, perché qui lo scandalo è legato ai vecchi larici della penisola di Yamal che non fanno tornare i conti. Quelli raccolti da due suoi colleghi qualche anno fa. Danno una misura del tempo meteorologico che non sembra riscaldarsi come dovrebbe... Qui crolla la teoria del riscaldamento globale. E tutto è partito proprio lì da lei, a Tomsk.»

Alla terza chiamata il professore continua a non rispondere. Elude con cortesia, senza riattaccare, da studioso serio quale è. C'è un tempo per parlare e un tempo per tacere. Ma a un certo punto, il tempo di parlare arriva. Perché, al di là di ogni notizia, c'è qualcosa di cui il professore rimane sicuro.

«Non so chi ci sia dietro, non so di chi è la colpa. So solo che la valanga è già partita e non si ferma più. Negli ultimi trent'anni siamo saliti quasi di un grado. Lentamente, uno zero virgola dopo l'altro. Colpa nostra? Probabilmente sì. Siamo produttori di zero virgola.»

«Professore, ma che c'entra la grande Madre Russia? Perché la bomba è partita da Tomsk, la sua città?»

«Io non lo so cosa c'entra. Ma so che qui da noi camminiamo su un lago di metano. Lo conosce il metano? Dal greco *methyl*, miele. Succo della vita. Addolcisce l'inverno, ma può anche uccidere. Il problema è che è ibernato, sepolto in una cassa di ghiaccio. Sotto il permafrost.»

«E se salgono le temperature si scioglie la cassa...»

«Esatto. Se sciogliamo la cassa, il metano, succo della vita, ci lascia. Evapora. Miliardi di tonnellate di potentissimo gas serra assunti in cielo. Venti volte più potenti dell'anidride carbonica nel trattenere il calore. Un disastro ecologico.»

Kirpotin vive nel mondo rarefatto della scienza che ha il dovere di guardare al futuro. Il giornalista invece è legato al presente come una cane alla sua catena.

«Ma anche una grande ricchezza finalmente portata alla luce. E i petrolieri russi non sono famosi per farsi troppi problemi...»

«Questo lo dice lei, questo lo dice lei.»

Anche il telefono di Jones, dall'altra parte del mondo, ha preso a squillare. La prima volta il professore non risponde. È ancora irrigidito di fronte al giornale, congelato in una dimensione parallela. Si guarda intorno, incerto sul da farsi. Accendersi una sigaretta. Bere un alcolico forte. Prendersi un calmante, una pasticca per il mal di testa, una mentina. Tanto è tutto finito.

Quando il telefono ricomincia a squillare, sembra un rumore insopportabile. È quello dei ghiacciai che si sciolgono, del permafrost che collassa, degli incendi che devastano.

«Non ho niente da dire.» Risponde subito Jones.

«Ma professore, quelle mail sono vere?»

Nessun commento.

«Ma è roba che ha scritto lei?»

Nulla. Poi, finalmente, il professore stacca il telefono.

Ma il rumore dei ghiacciai gli rimane dentro, come una condanna.

Tic, toc. Tic, toc.

13
Il bastone da hockey

Sta pensando agli orsi bianchi Sarah Palin, mentre ne carezza uno, o almeno la sua pelliccia, stesa nel soggiorno di casa. L'ex governatrice dell'Alaska prende carta, penna e si siede su una delle poltrone comode del suo soggiorno, di cuoio spesso, consumato dagli anni e dai figli.

Davanti alle grandi vetrate della casa di Wasilla vede il lago Lucille, che a novembre è già ghiacciato. Pensa a quando, pochi anni prima, ha cominciato la sua battaglia contro il governo federale. Un contenzioso ingaggiato con Washington, la capitale lontanissima, che voleva inserire gli orsi polari nella lista delle specie a rischio.

Ma quando mai? In Alaska la loro popolazione era raddoppiata. Per Sarah, con la pelliccia candida appesa alla parete e un'enorme testa di cervo impagliata che guarda giù perplessa, non era una questione personale.

Aveva soltanto fatto notare che inserire una specie in salute nell'elenco di quelle da proteggere, per colpa del cambiamento climatico, era un abuso. Apriti cielo! Gli ambientalisti americani le erano stati addosso per mesi. «La mamma orsa», l'avevano chiamata. E dire che lei lo spezzatino di grizzly lo sa cucinare (carne dura, stopposa, il segreto è che va molto speziata).

In tv, su Fox Channel, che l'ex governatrice tiene accesa in sottofondo, lo scandalo delle mail sul clima è la notizia del giorno. Il «Daily Telegraph» inglese ha titolato: è l'ultimo chiodo nella bara del cambiamento climatico causato dall'uomo.

È allora che Sarah Palin, ex candidato alla vicepresidenza americana, anima della nuova destra americana, che ha lasciato da pochi mesi l'incarico di governatore, decide di scrivere al «Washington Post». Aspetta da tanto e ora, finalmente, può dare una martellata a quell'ultimo chiodo, sigillare la bara.

Certo che il cambiamento climatico esiste! Certo che esiste l'erosione delle coste, lo scioglimento del permafrost, dei ghiacciai. Nelle lande lontane dell'Alaska, ho creato una commissione per trovare soluzioni di buon senso a tutto questo.

Ma non venitemi a dire, con quella sicurezza, che la colpa è dell'uomo. Che noi abbiamo causato tutto questo.

Lo scandalo delle mail dimostra che i più grandi «esperti» del cambiamento climatico hanno deliberata-

mente distrutto informazioni, manipolato dati, cercato di ridurre al silenzio ogni critica. Un circolo scientifico altamente politicizzato. In una parola, caro direttore, cari lettori del «Washington Post», ideologia.

Quando in realtà i burocrati vogliono regolare le emissioni dei gas serra e soprattutto qualcuno vuole farci pagare più tasse.

Sarah Palin

Che poi, pensa l'ex governatrice, fissando la pelliccia, mettere gli orsi tra gli animali da proteggere è una ingiustizia nei confronti di quelli davvero a rischio...

Anche Noah Liebermann ha visto la tv e ha letto i giornali. Pure il «Daily Telegraph», quello della bara e dei chiodi. Ha letto degli hacker siberiani e, subito, ha fatto il conto di quanti russi ci sono in facoltà. Ne ha in mente almeno una trentina: i russi sul clima hanno sempre avuto qualcosa da dire. Alcuni li conosce personalmente, sono compagni di bevute nei pub del centro. Sergej, per esempio, viene proprio dalla Siberia, dove ha seguito le orme del professor Kirpotin. È uno statistico, grande esperto di informatica. Si occupa di armonizzare le curve di salita e discesa delle temperature. Una tecnica raffinatissima: ci vuole un alchimista capace di mescolare i dati raccolti dai termometri sparsi per il mondo e quelli tirati fuori dagli anelli degli alberi o dalle conchiglie.

Noah decide che è Sergej la persona che cerca e, in un'altra sera umida di novembre, lo mette seduto davanti a una birra, sempre nello stesso locale, lo scalcagnato Britannia con la sua discutibile scena musicale. Comincia a farlo parlare, con la convinzione che sappia più di qualcosa sulle mail rubate e ricomparse in Russia. Del resto, il suo professore, Kirpotin, è proprio di Tomsk, come i pirati che hanno scatenato la guerra.

Sergej parte da lontano, evocando, quasi con nostalgia, i fasti di quella scienza che oggi scricchiola, assediata da tutti i media del mondo.

«Hanno cominciato negli anni Trenta, amico mio. Già allora si girava per laghi e foreste a raccogliere conchiglie e a fare legna. Poi, nel 1960, un tal Hubert Lamb, il vecchio professor Lamb... fondatore della climatologia, nella gloriosa University of East Anglia. Fu il vecchio Hubert a disegnare una scala di temperature di mille anni, a metterci dentro il Medioevo caldo e la piccola era glaciale del Seicento. Fu sempre lui che, negli anni Settanta, cominciò a dire che l'uomo c'entrava qualcosa con i termometri, che il gas serra non è uno scherzo e che i gradi sarebbero cominciati a salire... E da qui saltò fuori il diagramma che finì nel primo rapporto Onu sul cambiamento climatico, nel 1990. Ma era solo uno schizzo.»

Noah, che come Sergej queste cose le sa bene, vuole arrivare più velocemente al presente.

«D'accordo, amico mio, ma chi ha fregato le mail di questa facoltà, sputtanando il buon nome della gloriosa, come dici tu, University of East Anglia e di tutta la climatologia ufficiale?»

Lo statistico, genio matematico fiorito sul cemento di qualche ginnasio siberiano, non capisce le persone quanto i numeri, e non sa se sentirsi offeso, accusato da quel compagno di bevute solo perché russo, come gli hacker che hanno colpito e affondato l'università.

«Amico mio, nessuno di noi può avere interesse a infangare la facoltà. Qui siamo tutti d'accordo. Certo, lo sappiamo, negli anni Novanta è cominciata la gara tra i grandi climatologi. Ognuno coi suoi metodi per trovare tendenze e equilibri. Ciascuno con la sua personalissima macchina del tempo battezzata con nomi diversi: sistema composito a scale, ricostruzione climatica sul campo. Alla fine, però, sono tutte linee del tempo e, da tutte, viene fuori qualcosa di abbastanza simile. Non è una vera guerra tra noi, Noah. I modelli dicono lo stesso: nel Ventesimo secolo le temperature aumentano. Anche senza i tuoi alberi abbiamo le prove, perché nel frattempo Galileo Galilei ha inventato il primo termometro, nel 1607 e dopo due secoli e mezzo si sono cominciate a registrare le temperature per davvero. Non si scappa alla colonnina di mercurio: più o meno dalla fine dell'Ottocento, il caldo sale. Senza precedenti, mai successo prima. E la cosa non sembra più legata a cicli naturali. Su questo siamo tutti d'accordo no?»

Noah annuisce, cercando di capire dove vuole arrivare l'amico.

«Poi, nel 1998, Michael Mann, che insegna geofisica all'Università della Pennsylvania tira fuori il bastone da hockey. Un grafico che impazzisce, dopo la piccola glaciazione, e all'improvviso si inalbera, verso il cielo, come la lama del bastone da hockey, il piatto che fa girare il disco sul ghiaccio.»

«Sì, Sergej, con la teoria del bastone da hockey ci abbiamo riempito pagine di polemiche da quando il vecchio Al Gore la fece vedere nel suo film-documentario *Una scomoda verità*.»

«E come si può dimenticare? Si arrampicava su un carrello elevatore, con tutta la sua stazza, quel pallone gonfiato dell'ex vicepresidente americano. Tutto per far vedere quanto montavano le temperature negli ultimi anni. E accanto c'era la curva delle nostre emissioni di anidride carbonica. Sale la CO_2 e sale la colonnina di mercurio. Era colpa nostra. Che poi avevano governato loro, avrebbero potuto fare qualcosa, no? Invece niente, solo cinema! Ma comunque il punto, Noah, è che tutte le ricostruzioni e i metodi statistici danno buone concordanze. La temperatura aumenta, almeno nella parte nord del mondo, la nostra. Ed è qui che arrivano gli scettici: "Ma no! Ma quale bastone da hockey? È sempre stato così! C'è il Medioevo caldo dell'anno mille e poi c'è il freddo glaciale del Seicento. È il Signore che ci salva e ci condanna. Cosa possiamo fare noi?". Si aprono inchieste, dibattiti, piccole guerre. Ma alla fine il riscaldamento globale causato dall'uomo finisce nelle cartelle per le raccomandazioni dell'Onu. Almeno fino a oggi...»

«Infatti, Sergej, almeno fino a oggi. Almeno fino a quando qualcuno non tira fuori queste maledette mail, con l'idea di fermare tutto. Ma se non è qualcuno di noi allora chi è?»

«Si vede che non conosci gli hacker siberiani. Loro non hanno bisogno di venire qui per iniziare la grande guerra del clima. Loro sono già infiltrati, ovunque, come granelli di polvere.»

Noah ordina altre due birre in bottiglia, per sé e per l'amico. Sente che è venuto il momento di andare al sodo.

«Non li conosco gli hacker siberiani, Sergej. Per questo ti ho chiamato. Cosa ne dici di spostarci a casa a bere, davanti al pc? Tu mi puoi aiutare ad arrivare là, fino a Tomsk.»

Fiiiii!

L'arbitro fischia. È finita.

Iskra sente scivolare la rabbia sul ghiaccio segnato del rink, dopo tre tempi tesi di una partita che valeva un derby. Tira l'ultimo colpo. Una botta di lama che accarezza il ghiaccio. Il disco pattina veloce sulla superficie. Lievita, si alza, e poi infila la porta e si insacca con un colpo sordo.

Fiiiii! Fischia ancora l'arbitro. E dagli spalti si alzano proteste. Ma è tardi, la partita è finita, perduta. Le squadre si guardano in cagnesco ed escono dal campo.

Dall'alto dei suoi vent'anni Iskra vorrebbe spaccare la stecca. Invece si butta sotto la doccia, in uno spogliatoio sempre gelido.

A casa la aspettano il pc e la chiavetta copiata dal server Tomline, pagine e pagine di mail.

Forse per questo ha perso: il suo corpo era lì, aggrappato alla mazza da hockey, ma lei era lontana, smarrita tra gli anelli concentrici dei larici.

A casa di Noah, intanto, i due compagni di bevuta smaltiscono la sbornia sotto le luci fredde di un neon, davanti allo schermo del pc. Intorno a loro l'odore di panni sporchi che aspettano da troppo tempo il gettone di una lavanderia per universitari.

Sergej è entrato su Yandex, il Google russo cui solo chi conosce il cirillico può accedere. Una Y rossa come la vecchia bandiera: si trova tutto su Yandex.

«Chi sono questi della Tomline? Come sono entrati nel nostro inconscio più segreto?»

Il sito aziendale ha una grafica vecchio stile su sfondo verdognolo. Sergej va subito nei contatti.

«Non vedo altre strade, Noah. I siberiani hanno caratteri romantici. Non escludo che rispondano...»

Noah guarda Sergej aprire la sua mail, tra incredulità ed emozione: «In pratica stiamo chiedendo all'assassino di mandarci la pistola fumante?».

Sergej scrive, scegliendo i caratteri dalla tastiera digitale in cirillico: «Dove avete trovato quel materiale? Chi vi ha dato le mail?». Va avanti, così, senza complimenti. Conosce i suoi connazionali e sa che così bisogna fare. È sulla mail di Noah e quindi firma a suo nome: *Profiessor* Noah Liebermann, University of East Anglia. «Bisogna sembrare autorevoli.»

Click, invio. «E adesso, aspettiamo.» Noah sembra

determinato a passare la notte davanti alla luce fioca del pc.

«“Chi attende una rivoluzione sociale pura, non la vedrà mai.” Lo diceva Lenin, compagno. La verità non la sapremo, ma forse potremmo avvicinarci.»

Con queste ultime parole il vecchio Sergej, il genio della statistica, pittore di curve spericolate del tempo, esce di scena perché sono già le due di notte e anche la resistenza di uno statistico ha un limite.

Mezz'ora più tardi sono le 2.30, a Norwich, Anglia Orientale, +2 gradi.

Seimilaquattrocento chilometri e sei ore di fuso orario più in là, a Tomsk, in Siberia, ci sono -20 gradi e sono le 8.30 del mattino.

Iskra, come al solito, è arrivata presto in ufficio. Prima di iniziare la giornata, deve rispondere alle mail che chiedono informazioni. Come tutte le stagiste anche lei è addetta alle relazioni con l'esterno. Lamentele, clienti ansiosi. *S'uvaženiem. Cordiali saluti.* Iskra va in automatico, almeno finché s'imbatte in un indirizzo mail affiliato all'Università di Norwich.

Rilegge il messaggio due volte e rimane sorpresa dall'impudenza. «Dove avete trovato quel materiale?» chiede un tal professor Noah Liebermann.

Iskra apprezza le persone dirette, ma è anche nipote di rifugiati, oppositori politici, diffidente per natura.

«Non abbiamo nulla.» Risponde in inglese.

Però è curiosa, di una curiosità innata verso l'Occidente, verso mondi molto lontani da Tomsk e dal suo metro di neve a novembre. Per questo commette un'imprudenza calcolata (del resto è nipote di dissidenti) e lascia il suo nome, una traccia per cercarla sui social.

Noah, anche lui nipote di esuli, oppositori politici e, per di più, insonne, ci mette un minuto a trovarla su Facebook. Sono le foto di Iskra che gioca a hockey sul ghiaccio siberiano che lo convincono. *Aggiungi agli amici. Invia messaggio*. E così inizia il loro dialogo (che, vedrete, andrà lontano).

«Ma come vi salta in mente, così rovinate vent'anni di ricerca. Chi ve lo ha chiesto?»

«Chi sei? Chi ti manda? Spie imperialiste?»

Sono giovani Noah e Iskra, le loro parole sono dritte come le loro schiene.

«Sono Noah.» Secoli di oppressioni e sospetti nella sua storia famigliare gli hanno insegnato a partire dal nome. È una rivendicazione, una bandiera.

«Ho ventiquattro anni. Mi batto per un clima migliore nel mondo. In tutti i sensi...»

«Iskra.» Secoli di sospetti e persecuzioni le hanno inculcato una matematica dell'identità. Prima il nome, tutto discende da quello.

«Ho vent' anni. Anch'io sono ambientalista, da sempre...»

In fondo sono ragazzi globali che si incontrano sui social. Sanno come si fa. In pochi minuti si sono trovati, soppesati, valutati. Si sono fidati, che per due discendenti di profughi non è facile.

«Alcune migliaia di mail sono finite da voi. Sai nulla?»

«No, *profiessor* non so nulla... Se le cerchi da noi, non le trovi.»

«Non le cerco. Le hanno tutti ormai, è inutile cancellare. Voglio sapere da dove vengono, chi ce le ha messe.»

«Non noi. Le abbiamo solo trovate, o almeno credo. Certo che è un bel disastro...»

«Già. Ma davvero ci sono hacker così forti lassù a Tomsk, Siberia?»

«Ma davvero ci sono professori così odiati laggiù a Norwich, Gran Bretagna?»

14
Invenzioni del gelo

Sei anni, undici mesi e quattro giorni prima di essere eletto presidente degli Stati Uniti, Donald John Trump, nello studio al 68° piano della torre che porta il suo nome, al 725 della Fifth Avenue, contempla la scrivania coperta di carte e documenti in un disordine solo apparente.

È il 4 dicembre del 2009. Sopra a vecchi contratti, fotocopie, brochure di alberghi delle sue catene, c'è un manifesto che Trump giudica piuttosto brutto. Un disco nero, un mondo oscurato, senza alcuna luce.

«Caro Presidente Obama» ci ha scritto sopra qualche creativo poco avveduto, che lui non assumerebbe mai nelle sue aziende «192 Paesi si riuniscono a Copenhagen nella conferenza Onu sul cambiamento climatico per determinare il fato del nostro pianeta.»

Il fato!? Ma come scrivono questi?

The Donald si affaccia dal suo 68° piano sulla sua Fifth Avenue. Vede Central Park e l'hotel Plaza, a nord, suo fino a pochi anni prima e adesso nelle mani di un gruppo indiano.

Vede il palazzo della General Motors, più alto della Trump Tower di pochissimo, per uno scherzo del destino. Vede i magazzini Begdorf Goodman, che, a quanto ricorda, non vendono la sua linea di abbigliamento.

Pensa che tempi migliori debbano arrivare e, nel frattempo, contro voglia, firma l'apocalittico manifesto ambientalista degli imprenditori americani.

«Noi siamo ottimisti: il presidente Obama vorrà darsi degli obiettivi per ridurre le emissioni. Guiderà il mondo con l'esempio. Se non agiamo adesso, è scientificamente provato che ci saranno conseguenze catastrofiche e irreversibili per l'umanità e il pianeta. Noi, in America, siamo capaci di guidare il mondo sulla strada dell'energia pulita. Ma dobbiamo farlo subito, per lasciare alle future generazioni un pianeta sicuro e un'economia più forte.»

Trump osserva il traffico sotto, sulla Fifth, che tutto sommato continua a scorrere ordinato.

Da là sopra, guardando verso sud, scorge solo le luci rosse degli stop delle auto che scendono verso downtown e che si accendono a ogni semaforo.

Trump firma e, subito dopo di lui, firmano anche Martha Stewart, la regina della casa americana, e Ivanka, sua figlia.

Il manifesto finisce con un proverbio africano: «Se vuoi andare veloce, vai da solo. Se vuoi andare lontano, vai insieme».

E allora, tutti questi automobilisti newyorkesi nel traffico ordinato verso downtown? Nelle loro macchine con le luci rosse? Sono in tanti ma sono completamente soli. Non vanno veloci, ma non vanno neanche lontano. Trump guarda di nuovo le auto, in fila, come fuori da scuola. Poi pensa che una direzione e una velocità a questo Paese qualcuno la dovrà dare.

Prima o poi.

«*Profiessor*, sei ancora lì?»

In un'altra notte buia, stavolta di dicembre, Noah è ancora sveglio, insonne. Si sono rincontrati in rete, tante altre volte, in quei giorni. Hanno parlato delle loro paure, per intere nottate, delle ossessioni, dei loro film preferiti. *L'alba del giorno dopo*, gran bel film. Film americano, imperialista.

«Però è sbagliato, *profiessor*, perché nel film il mondo era sull'orlo di una grande glaciazione. I tuoi climatologi laggiù in Inghilterra dicono che siamo dall'altra parte, invece, sull'orlo di un grande caldo.»

Parlano delle loro giornate. A Norwich si annega di pioggia, si va avanti a porridge e ombrelli, da migliaia di anni. A Tomsk si oscilla dai -5 ai -20.

Ma allora forse è tutto normale?

Iskra racconta di come si sopravvive in Siberia con le scorte in casa, marmellate fatte da lontane zie, miele, caffè. Parlano del futuro, della sensazione strisciante che qualcosa stia cambiando, irrimediabilmente. Il clima sovverte l'ordine delle cose, modella la realtà. È come cambiare le regole di un grande gioco. Siamo tutti seduti allo stesso tavolo e dobbiamo rimparare un nuovo poker.

Noah racconta di suo nonno David, che guardava con orgoglio la fabbrica di camicie di Wildwood, New Jersey, dietro al tempio di Beth Judah, quando ancora esisteva una Jewtown, evocata sempre con un misto tra disprezzo e ammirazione. Suo nonno diceva che quando si cambia si entra in una terra straniera: devi stare attento, perché nulla sarà più come prima. Però può persino essere meglio, per lui era stato così.

Noah ricorda bene le prime lezioni di meteorologia, in tutte le classi si raccontava sempre la stessa storia: cosa successe quando arrivò il grande freddo della piccola glaciazione e nulla fu più come prima. L'era della neve, dai primi del Seicento, era durata duecento anni. Due secoli di gelo vogliono dire raccolti distrutti, agricoltura in ginocchio quasi ovunque in Europa. E poi bambini che nascono deformi, denutriti. Gli uomini sono rimpiccioliti dal freddo, falciati da geloni, scorbuto, banali polmoniti. Vivono di meno, muoiono di più. E questo cambia radicalmente una società. Non basta più la vecchia costruzione medievale che è durata un millennio. Saltano feudi e feudatari, arti e mestieri, tutto quell'equilibrio si perde nel freddo. Semplicemente non c'è più il grano da dare ai signori, se non si vuole morire di fame. Tutto quel mondo si perde nelle rivolte per il pane, nelle ribellioni, oppure dando la colpa alle streghe. Centinaia di roghi di fattucchiere, accusate di aver gettato malocchi sui raccolti, vengono accesi nel Seicento, nella speranza di riscaldare un po' gli inverni troppo freddi. In poche decine di anni viene giù tutto: niente resterà come prima.

Poi però succede qualcosa. Lo spiegava anche il vecchio professor Jones, ormai dimissionario, convinto di aver lasciato per sempre l'insegnamento per quelle mail private e distorte. Succede che i porti cominciano a essere essenziali perché bisogna importare cibo da dove ce n'è. Bisogna tornare a commerciare e serve subito una nuova moneta. Bisogna far girare i talleri, i dinari, i franchi, vendere e comprare.

Bastano pochi decenni sotto di 2 gradi e i mercanti di Olanda, Gran Bretagna, Portogallo si mettono in mare. Tutti spinti dal freddo a fare affari.

«È il gelo che inventa il capitalismo, compagna Iskra! È il gelo.»

Iskra guarda giù dal quinto piano di un palazzone sovietico, colate di cemento crepato, lucide di neve.

«E il caldo, invece, *profiessor*? Il bastone da hockey, i ghiacciai che si sciolgono, i livelli delle acque che salgono? Il grande caldo è già qui, secondo l'Onu e tutti i meteorologi che contano... Che cosa inventerà di nuovo il grande caldo?»

15
L'Apocalisse di fuoco

Ma un fuoco scese dal cielo e li divorò.
Apocalisse 20,9

Dopo un numero indefinito di notti insonni Noah si è deciso.

È l'agosto del 2010, da otto mesi ha aspettato, ogni giorno, le 2.30 di notte a Norwich, Inghilterra cioè le 8.30 del mattino a Tomsk, Siberia.

«Buongiorno compagna! Com'è lì la situazione? Caldo? Freddo? Il permafrost regge? Passo da quelle parti a controllare?»

E per giorni Iskra, prima emozionata, poi turbata, a volte divertita, ha risposto: «Non lo so, professore, io lavoro, lavoro e basta».

Intanto, intorno a loro, è esplosa la guerra del clima, lasciando lo Ziggurat incenerito, i professori distrutti, invecchiati di colpo di dieci, vent'anni.

Noah ha finito la sua borsa di studio, ha salutato i compagni di bevute e ha lasciato dietro di sé il tempio del clima, squarciato. Ora è uno yankee qualsiasi e nessuno dei suoi famigliari capisce perché non se ne torni nel New Jersey a fabbricare camicie, o anche solo a godersi l'eredità. Ma in quelle notti lunghe e fredde, a parlare di hacker siberiani, il richiamo delle labbra di Iskra, intraviste dietro al casco da hockey, si è fuso col bisogno di sapere.

E adesso, finalmente ha il suo appuntamento: 4 agosto, Leningradskij Prospekt 26, Mosca. In valigia ci ha messo la speranza di capirci qualcosa, su quella ragazza e su chi, senza complimenti, ha affossato con un colpo di mouse il professor Jones, gli amici climatologi e un'intera conferenza delle Nazioni Unite. Iskra gliel'ha promesso: ha una traccia, un filo, anche se sottilissimo, da seguire nel labirinto.

A Noah piace essere pronto e per questo è arrivato in città due giorni prima, per perdere quell'aria svagata del turista sperduto nel labirinto di indicazioni in cirillico. Peccato che Mosca gli abbia preparato un'accoglienza epica, la stessa che ha apparecchiato molti anni prima a Napoleone. Il fuoco, il grande incendio.

Alle due di notte del 3 agosto il vento cambia sui cieli della città e si porta dietro una nuvola di fumo. Noah si sveglia nel suo ostello scalcinato di Čerkizovskaja, periferia nord, linea metropolitana rossa. In quel regno di casermoni di cemento l'aria si è fatta densa e Noah si sente in bocca un sapore di barbecue, come quello delle sue domeniche nel giardino di casa a Wildwood, New Jersey. Invece è nella Mosca offuscata dell'estate più rovente del millennio.

All'alba, Noah si mette a trafficare con l'aria condizionata che fa il rumore di un aereo in decollo ma non vuole saperne di avviarsi. Allora apre le finestre, nonostante l'odore acre che gli salta alla gola. La televisione accesa spiega che le autorità invitano ad andare in giro con le mascherine: prezzo calmierato, 70 centesimi di dollaro. Ma ne vedrà poche in quei giorni, perché i moscoviti sono tosti e la mascherina è un gioco da femminucce. Sullo schermo compare lo pneumologo in capo, tal dottor Čučalin, Alexander Čučalin (esiste anche questo nella ossessione di controllo ex sovietica) e spiega che è come se, in una notte, tutti i moscoviti si fossero trasformati in fumatori incalliti: due pacchetti di sigarette in quattro ore.

Noah non ha mai fumato, neanche da ragazzino, e ora è un po' tardi per cominciare. Ma non può perdere quell'appuntamento e così esce, avventurandosi nel fumo, raggiungendo la metropolitana nella speranza che almeno sottoterra si respiri. Invece l'eroica metropolitana moscovita che ha resistito ai bombardamenti della Seconda guerra mondiale, non regge a quelli della prima guerra del clima. Il fumo scende le scale, invade le stazioni, filtra sotto terra. Noah se lo porta dietro con gli occhi e la gola in fiamme. Perché, pensa mentre scende nelle viscere della città, ha dovuto prendere proprio lui la peggiore siccità da centotrent'anni?

Il fatto poi è che i moscoviti non sono abituati al caldo, si spogliano e girano con birre ghiacciate. Ma soprattutto combattono la battaglia con la vodka. Liscia, più ce n'è, meno si sente il termometro. L'alcol ottunde, come il fumo.

Con infallibile intuito da turista Noah trova la Piazza Rossa, vuole dare solo una sbirciatina, prima del suo appuntamento. Lo accoglie una sterminata distesa grigia, là dove in cartolina ricordava le guglie d'oro del Cremlino. Nemmeno i colori da fiaba delle cupole di San Basilio hanno resistito all'aria di cenere: chi oggi visita Mosca si deve accontentare di una diapositiva in bianco e nero.

Tutto quel fumo, in quei primi giorni di agosto, viene dalla battaglia a sud di Mosca. Centinaia di incendi incontrollabili stanno bruciando 500mila acri di foreste: i boschi di betulle di Živago e del principe Ivan col suo lupo grigio sono in fiamme.

Noah ritorna nelle viscere della città per raggiungere la sede di Greenpeace, al numero 26 di Leningradskij Prospekt, stazione della metro Belorusskaja.

Iskra ha lasciato Tomsk da due mesi per lavorare lì. Noah non ci ha capito molto nelle poche parole di quella ragazza schiva: pare che un vecchio ambientalista sudamericano l'abbia scovata in Siberia, promettendole quel lavoro a Greenpeace, nella capitale. Con una punta di gelosia, Noah non può fare a meno di sospettare che il vecchio l'abbia fatto per portarsela a letto.

La sede di Greenpeace è nascosta come uno speakeasy, una bisca clandestina dove si vendeva liquore, negli anni del proibizionismo americano.

Dopo un negozio di scarpe si gira in un cortile e si sbatte su una porta con una tettoia verde. Greenpeace è scritto in cirillico, se non si capisce il russo non si trova.

4959887460: CHIAMATE PRIMA PER APPUNTAMENTI. (Che di solito non c'è nessuno, s'intende.)

Noah pensa che è tutto surreale. I vecchi che giocano a scacchi e bevono vodka nel cortile lo intravedono salire. Si affanna fino al terzo piano nella fuliggine del giorno più caldo.

Arrivato in cima si sorprende per un attimo (solo per un attimo) di vedere Iskra. È seduta davanti a un vecchio pc con i colori dell'arcobaleno in un locale pieno di fumo, come tutto il resto. È la stessa di quella foto profilo sotto il casco da hockey, ma di carne e sangue, vera. In mezzo a tutto quel fumo, in un open space vuoto, i due si riconoscono. Ed è come se fossero due sopravvissuti che si ritrovano dopo una guerra.

La guerra che Noah e Iskra non si sono ancora lasciati alle spalle è quella del clima.

Dopo lo scandalo delle mail si fa a gara a mettere su commissioni. Credenti e scettici si scontrano in tribunali, processi, sentenze. Otto giudizi in pochi mesi, persino uno della Camera dei Comuni inglese.

È già difficile definire chi siano gli imputati e chi l'accusa, vostro onore. Da una parte gli ortodossi, le grandi università, le Nazioni Unite, i governanti europei. Tutti d'accordo: siamo noi la causa del riscaldamento globale. Colpa nostra, delle nostre ciminiere, vacche, frigoriferi, contadini, boscaioli, turisti. La quasi totalità degli scienziati mondiali sta da questa parte. Dall'altra un esercito scompaginato di eretici, o negazionisti, come li chiama qualcuno. Sono stati risvegliati dallo scandalo delle mail rubate e ora non si fermano più. Finalmente hanno qualche elemento in mano per sostenere la loro tesi di sempre: il clima cambia da che mondo è mondo, noi non giochiamo alcun ruolo. Da questa parte c'è la destra americana di alcuni think tank che hanno nomi vagamente epici come l'Heritage Foundation, l'American Enterprise, il Cato Institute. Poi ci sono i lobbisti, il petrolio, e i ricchissimi fratelli Koch, da Wichita, Kansas. Il loro gruppo (il più grande gruppo privato in America, signori giurati) si occupa di chimica, raffinazione, fertilizzanti, fibre e polimeri, tecnologie antinquinamento, allevamento di bestiame. Insomma, un oceano di soldi. La loro strategia, secondo qualcuno, somiglia da vicino a quella già vista dei lobbisti del tabacco. Il fumo fa venire il cancro? E allora il trucco è gettare discredito sulla ricerca scientifica, instillare dubbi, manipolare il dibattito.

Ecco, signori della Corte, le due controparti.

Patrick Michaels, Università della Virginia, affiliato al Cato Institute, in questa guerra è dalla parte degli scettici. Per lui la storia delle mail «non è una pistola fumante. È un fungo atomico. Dimostra che non c'è nessuna indipendenza, rispetto delle regole».

Raymond Pierrehumbert, Università di Chicago, ortodosso, estensore del terzo rapporto sul cambiamento climatico, pensa invece che sia un atto di vandalismo contro un gruppo di scienziati che fanno il loro lavoro.

Michael Mann, inventore del bastone da hockey, Università della Pennsylvania è d'accordo col suo collega: le mail sono state prese fuori dal loro contesto. Si tratta di una campagna di delegittimazione per distrarre l'opinione pubblica dalle vere ragioni del riscaldamento globale. Secondo lui, i pirati misteriosi volevano solo affondare la conferenza sul cambiamento climatico.

Intanto però sui latori delle mail piovono insulti. La gogna digitale è impietosa e feroce. Augura morte e distruzione: «Siete voi che meritate questo, non la Terra». E così nelle tre settimane strategiche, tanto attese, che precedono la conferenza Onu, giornali, tv, blog e persino i bollettini di parrocchia non parlano d'altro. «A chi credere?»

Succede, vostro onore, che così l'opinione pubblica si confonde, il consenso scientifico sul cambiamento meteorologico e sul ruolo dell'uomo (consolidato, sedimentato come i foraminiferi sul fondo degli oceani) viene messo in dubbio. Ma la giustizia, la verità, vostro onore, non può essere fumosa, non deve confondersi.

Il Gruppo intergovernativo sul cambiamento climatico, alla fine di un processo lungo e doloroso, spiega che le raccomandazioni ai governanti sono fatte in maniera trasparente. La consistenza e le evidenze dimostrano che il lavoro della comunità scientifica (anche di chi ha scritto quelle mail) è assolutamente valido. L'American Meteorological Society aggiunge che l'influenza umana sul cambiamento atmosferico è evidente. Può anche essere che nelle mail ci fossero comportamenti impropri ma la mole di prove rimane schiacciante, inequivocabile.

In data 14 aprile 2010, la giuria della University of East Anglia conclude i suoi lavori.

«Non abbiamo riscontrato comportamenti illeciti. Anzi, abbiamo trovato integrità. Forse sarebbe stato opportuno chiedere l'intervento di statistici professionisti. Ma comunque non risulta evidenza di alcun comportamento improprio.»

Nessuna evidenza, signori della giuria, vostro onore. Il metodo scientifico è stato rispettato. Galileo Galilei e Karl Popper possono dormire sogni tranquilli. Poi sono arrivati anche gli editoriali. Il «New York Times» dirà che era solo una controversia costruita ad arte, e lo stesso farà il «Newsweek». Ma ormai è tardi.

Signori giurati, lasciatemi spiegare il teorema delle X e delle Y, un semplice fatto di psicologia della conoscenza. Se dici alla gente che la verità è X, e non Y, come avevano creduto, dopo sarà difficile tornare indietro. Potrete ripetere all'infinito: «C'eravamo sbagliati: Y è a posto». Ma non basterà, molta gente continuerà a pensare che X sia vero, soprattutto se X è scioccante, se li ha sconvolti.

E così è stato, vostro onore.

Alla fine, quando è stato letto il verdetto di assoluzione per la scienza del cambiamento climatico, quando è stato ribadito che non poteva essere minata da lettere sbagliate, goffe, stupide… alla fine era comunque tardi! Perché tutte le smentite possibili, tutta la giustizia e la scienza di questo mondo, sbiadiscono nei confronti di un presunto scandalo. La difesa non è mai seduttiva quanto l'accusa.

E infatti… persino il vecchio Trump, quello che aveva firmato l'appello alla Casa Bianca chiedendo al presidente Obama di fermare la grande macchina delle emissioni di gas serra, persino lui cambia idea. Alla solita Fox dice, con convinzione: «Questa storia del cambiamento climatico è tutta una bufala».

Il manifesto, comparso sul «New York Times» («Siamo sull'orlo di una catastrofe con conseguenze irreversibili, se nessuno fa niente»), era solo di due mesi prima.

16
L'arca di Noè

Iskra e Noah in quella lunga estate calda non hanno molto tempo per piacersi.

Le fiamme dell'Apocalisse cadono su Mosca e mozzano il respiro. La stagione più torrida che le vecchie *babuške*, con il capo coperto, riescano a ricordare.

Vladimir Putin compare in maniche di camicia a dichiarare lo stato d'emergenza. E allora, quando compare lo *Tsar Batjuška*, il re buono, tutti si mobilitano. Anche i volontari di Greenpeace, anche Noah che era solo un ospite e che, evidentemente, ha scelto il momento sbagliato per cercare compagnia.

«Sai, *profiessor*, che in Russia le donne non possono fare i pompieri? È vietato per legge!»

Iskra cammina al suo fianco con in mano un ghiacciolo mezzo sciolto, ma quegli occhi grigi come la cenere non sono l'unico motivo per cui Noah ha deciso di improvvisarsi pompiere per un giorno. Iskra gli ha parlato di RasPutin, del fatto che dopo quell'incontro a Tomsk, con le macchine della Fsb sotto casa, è sparito per mesi. Gli ha detto dei Si-Bears e di tutte quelle chiacchiere sul gas sepolto sotto metri di ghiaccio. L'ha cercato a lungo, fiutandone le tracce nei server, ma RasPutin è un segugio migliore di lei e si è fatto vedere solo quando ha voluto. Si è presentato a Greenpeace in un giorno di luglio, quando già il caldo mordeva Mosca. Le colleghe di Iskra lo hanno guardato come fosse un senzatetto, uno dei tanti alcolisti che vivono nei sottopassaggi. Vladimir l'ha salutata e le ha lasciato il suo numero di telefono, niente di più, lo stesso numero che Iskra aveva cercato per i mari e per i monti dell'universo digitale. Un'umiliazione.

L'ha chiamato qualche giorno dopo e gli ha parlato del suo amico *amerikanski*. Ha cercato di fissare un appuntamento. Forse è una pista sbagliata ma vuole che il *profiessor* lo conosca.

«Ha gli occhi di chi sa» sostiene Iskra.

E così camminano verso la casa dell'hacker. È di RasPutin l'idea di accompagnare Iskra a Coteiči, un villaggio di 721 anime, a mezz'ora di macchina da Mosca. È solo uno degli 843 incendi accesi in tutto il Paese in quel pomeriggio di inizio agosto, ma lì ci sono i volontari di Greenpeace e, soprattutto, c'è la stampa. Forse per questo Vladimir Kirillov, detto RasPutin, ha proposto un appuntamento così folle, o forse perché voleva vedere un *amerikanski* sporco di cenere, rimboccarsi le maniche per difendere la Madre Russia dalle fiamme.

Sta di fatto che alle 17.00 sono tutti e tre nella vecchia Fiat di RasPutin, dritta verso il fuoco.

Le anime del villaggio sono salve, ma rimangono 1800 animali. Animali selvatici: scimmie, orsi, cani, tartarughe. A Coteiči c'è una casa di riposo per vecchie glorie del circo, passato di moda persino in Russia.

«Bisogna andare dove c'è la stampa. Ognuno combatte la sua guerra *profiessor.*» Così dice Iskra guidando la vecchia auto di RasPutin che ha un'aria eccitata.

«Giusto, segui la notizia! Gli occidentali vanno pazzi per gli animali abbandonati.» L'hacker lancia uno sguardo, misto di disprezzo e curiosità a Noah.

Tutti e tre su una gloriosa Fiat che ha conosciuto tempi migliori. Tutti e tre figli e nipoti di esuli siberiani, invischiati in questa storia delle mail rubate e del clima che cambia.

Noah studia il nemico seduto di fronte a lui. Nemico? Da come guarda Iskra si direbbe anche rivale. Ma un rumore sordo distrae l'*amerikanski* da quella barba da mistico tolstoiano. È il rumore del fuoco che si alza per metri davanti a loro. In macchina sembra di stare al drive-in, e invece è tutto vero. Ci sono colonne di mezzi, camion, fuoristrada, utilitarie, carretti. C'è un intero popolo che scappa. E non ci sono i pompieri: nessuno era preparato.

«A Mosca, Noah, si dice che l'estate è breve e per fortuna non nevica.»

RasPutin beve un sorso di vodka mentre la Fiat va dritta nella bocca del leone. A Coteiči, dopo un viaggio intossicato, ci sono più telecamere che idranti. L'aria stride di crepitii e soprattutto urla. Disumane, perché a essere intrappolati non sono uomini, ma bestie. Latrati di lupi, ragli di asini, persino barriti di elefanti. Servirebbe una gigantesca arca per portarli via tutti.

Otto mesi prima di quegli incendi russi, nel freddo dicembre di Copenhagen, anche il presidente Obama sta pensando all'arca di Noè. È seduto all'ultima frettolosa conferenza stampa nell'ultimo affannoso giorno del congresso sul cambiamento climatico di Copenhagen.

Barack Hussein Obama, 44° inquilino della Casa Bianca, ha un'aria stanca, tirata. È alla fine del suo primo anno di mandato e sta cercando di spiegare ai giornali internazionali che il summit delle Nazioni Unite non è un fallimento. Ma ci crede poco anche lui.

«Abbiamo percorso una lunga strada, ma abbiamo molto cammino ancora davanti.»

Ripensa alle parole del vecchio Michail Gorbačëv che ha incontrato da poco. L'ultimo segretario del Pcus, l'ultimo zar del defunto Impero sovietico.

«Siamo tutti passeggeri, a bordo di un solo battello e non possiamo permetterci un naufragio» ha detto Gorbačëv. «Anche perché non ci sarà una seconda arca di Noè.»

Il presidente ha fretta, non può restare per il voto finale del documento. A Washington sta per arrivare una tempesta e gli hanno consigliato di anticipare la partenza, persino quel bestione dell'Air Force One potrebbe risentirne.

«Sono venuto qui per portare fatti, non parole!»

E invece è stata una giornata di sole parole.

«Il cambiamento climatico è scienza, non fiction. Esiste. È vero!»

Sono all'ottava versione del documento ma ancora non si arriva da nessuna parte. Obama ha appena vinto il Nobel per la pace ma non riesce a chiudere un accordo. Pensa che non può andarsene via a mani vuote, bisogna arrivare a qualcosa, poche righe che soddisfino tutti: il premier cinese Wen Jiabao, quello indiano Manmohan Singh, il presidente brasiliano Luiz Inácio Lula da Silva e il leader sudafricano Jacob Zuma. Ognuno parla una sua lingua, ognuno ha interessi diversi: è una Babele. Alla fine, ne esce un documento confuso.

E il Signore disse: «Scendiamo e confondiamo il loro linguaggio, perché l'uno non capisca la lingua dell'altro».

Un documento politico: così lo venderà la Casa Bianca alla stampa affamata. Può voler dire nulla, ma almeno suona bene. La verità è che Barack Hussein Obama nell'ultima foto del summit fa una smorfia quasi di scuse. Sta scuotendo la testa e sembra dire: «Mi dispiace, non ce l'abbiamo fatta».

Il documento più o meno suona così: riconosciamo la necessità di fermare l'aumento delle temperature al di sotto dei 2 gradi. Ci mettiamo persino dei soldi per i Paesi poveri (trenta miliardi! Per carità, mica bruscolini), ma niente sanzioni.

«Riconosciamo»: belle parole, ma l'accordo non è vincolante. È stata la Cina a opporsi, dicono quelli della delegazione americana, si è messa di traverso con tutto il suo peso per niente zen.

Limiti cancellati con un tratto di penna. Si voleva cercare, almeno alla vigilia, di ridurre della metà i fumi velenosi prodotti in quel momento, entro il 2050. Quaranta lunghissimi anni. Lo spazio di due generazioni, la vita media di un uomo nel Medioevo, anni che possono avvelenare un pianeta già saturo di CO_2. È questo il frutto di Babele, la superba Babele che si innalza e cade.

E ora Obama stira quel sorriso, la mano già a riabbottonarsi la giacca.

«È un'intesa imperfetta, ma noi siamo qui per lottare contro il cambiamento climatico e continueremo comunque a farlo.»

È tardi e ha una tempesta che lo aspetta a Washington. Forse sarà davvero questo maledetto clima impazzito.

Mentre lascia il Bella Center, palazzo strabico di Copenhagen, con muri divergenti che gli danno un senso di equilibrio precario, sta pensando che di più non si poteva fare, che ha una legge ferma al Senato sui gas inquinanti, senza grandi possibilità di passare. E che questa storia del Climategate, lo scandalo del clima, di queste mail rubate in una università inglese, ha cambiato le carte in tavola. Saranno stati hacker russi, o magari cinesi, forse persino assoldati dal primo ministro Wen Jiabao, sorridente e irremovibile, con cui parlava fino a poco fa. Chiunque sia stato… ormai è tardi.

Gli scienziati del cambiamento climatico sono stati

dipinti come manipolatori, discriminatori di qualunque opposizione. Il clima, il clima ideologico stavolta, negli Stati Uniti è cambiato. L'opposizione repubblicana adesso è più forte. Il presidente, premio Nobel, comandante in capo di tutti gli ambientalisti possibili e immaginabili, non può fare molto di più. Il tempo intanto è davvero peggiorato, il cielo riversa le sue lacrime su Copenhagen. «Ma dov'è il riscaldamento globale?» È la battuta che gira tra i potenti di questo summit, imbacuccati.

Sulla strada verso l'aeroporto, mentre il corteo passa attraverso muri di neve, Barack Hussein Obama, 44° presidente degli Stati Uniti, sta pensando che lui non è Noè e che non può permettersi di caricarsi il mondo sulle spalle.

A Coteiči, otto mesi più tardi, il professore, la ballerina e l'hacker scendono dalla Fiat e si guardano attorno.

«A Mosca dicono: "Il caldo non è vodka, ma ti ubriaca lo stesso". È una grande ubriacatura quest'Apocalisse di fuoco, forse l'ultima.»

Lo sguardo di RasPutin si fa determinato mentre si dirige verso il villaggio, una chiesa cadente e qualche isba che i volontari cercano di salvare dalle fiamme. Si passano secchi di mano in mano come fosse una corsa all'oro. Due, quattro, dieci, cento mani, catene umane per circoscrivere gli incendi.

Iskra, Noah e Vladimir fanno a gara, nessuno si risparmia.

«Devi fare come nell'hockey, *profiessor*. Stai al centro campo e fai girare la palla tutto intorno. Così, in cerchi concentrici.»

Noah impara presto, tanto che sotto le macerie di un'isba riesce persino a salvare un cane, un bastardino mezzo intossicato e coperto di cenere. Iskra, mentre lo pulisce, sorride al *profiessor*. È in quel momento che finalmente un giornalista americano la nota, splendente nel fumo, con il cucciolo in braccio. Un'immagine da non farsi scappare.

Anche per Iskra non potrebbe esserci occasione migliore. Con il cappellino di Greenpeace tenta di lanciare il suo messaggio con tutta la disperazione di cui è capace.

«È il riscaldamento globale che ci condanna. È la nostra incapacità di agire che ci rovina. È la nostra impossibilità di decidere che ci massacra.»

E mentre parla davanti alle telecamere di qualche agenzia americana anche i suoi occhi si accendono di fuoco.

Al ritorno i tre stanno in silenzio. Iskra è soddisfatta, ha raggiunto il suo scopo. Ora può pensare anche a RasPutin: guarda Noah con insistenza, invitandolo con gli occhi a fare quelle domande per cui è venuto fin lì, nel ventre dell'Apocalisse.

Vladimir Kirillov guida come sanno fare solo in Russia.

Noah, ubriacato dal caldo, non riesce a trovare un modo meno diretto: «Amico mio, ascoltami bene, tu sei l'hacker migliore di tutta la Siberia, qualcosa di queste mail rubate devi saperla».

Iskra guarda entrambi di sottecchi. Si immaginava

un'indagine più subdola, meno diretta. RasPutin sorride nello specchietto retrovisore, come se aspettasse quella domanda da ore, ma sta in silenzio.

Dopo un po' attacca, con voce bassa, solenne: «Lo sai, compagno capitalista, cosa diceva il vero Rasputin? Era un mistico, ma ci sapeva fare anche col potere, era il consigliere degli zar. E diceva così: "I veleni abbracceranno la Terra come un focoso amante. Gli uomini moriranno di acqua e di aria, ma si dirà che sono morti di cuore e di reni... E le acque amare infesteranno i tempi come la cicuta". Mica male, eh? Grigorij Efimovič aveva previsto tutto, il comunismo, la sua caduta, la morte degli zar... persino l'inquinamento di questo mondo che va a picco».

Noah continua a guardare la barba tolstoiana, nello specchietto. Spera che RasPutin dica qualcosa di più, rintronato com'è non ha voglia di giocare con profezie e indovinelli. Ma a un certo punto la macchina frena bruscamente, la strada è bloccata. RasPutin imbocca, sterzando, una via laterale.

In un attimo crollano alberi, si alza il vento, crepitano le fiamme. Iskra abbandona ogni freno inibitorio e perde il controllo. «Non ne usciamo» dice in russo, guardando il muro di fuoco. Noah non capisce ma le mette una mano sulla spalla, con dolcezza. RasPutin è freddo, impassibile, fa marcia indietro grattando le ruote contro i bordi della strada. Non perde lucidità. Guarda la strada e le gambe tremanti della compagna Iskra che sospira, ora, quasi vergognandosi della sua paura.

Il momento delle domande è passato, dissolto come il contenuto di una bottiglia di vodka. Inutile insistere.

Quando arrivano a Mosca, prima di scendere davanti alla stazione della metropolitana, RasPutin trattiene per un secondo la mano di lei che sente qualcosa di freddo e metallico tra le dita. Poi sorride a Noah, di un sorriso sbieco, enigmatico.

Mentre lo guardano andare via sulla Fiat cigolante, Iskra mostra a Noah la chiavetta che si è trovata in mano: 16 GB, metallo liscio e lucente.

«Forse ci porterà da qualche parte.» Noah la guarda dubbioso, ha capito che RasPutin, come il suo amato mistico, è un manipolatore: ti porta solo dove vuole lui.

«Ti va di guardare insieme cosa c'è dentro, Noah? Andiamo da me, ti preparo i *blinčiki!*»

Noah, sudato, coperto di cenere, non si aspettava quell'invito e nemmeno di sentir pronunciare il suo nome, per la prima volta, dalle labbra di Iskra, col suo inglese bizzarro. Annuisce e per un attimo il Cremlino riacquista la sua luce tra le tenebre dell'Apocalisse.

17
L'occhio di Dio

È il 24 ottobre 2012. Manca una settimana a Halloween, la festa dei morti che tornano.

È sera a New York, mentre Noah accende la televisione fissa sulle eterne previsioni del tempo.

All'inizio si tratta solo di un'area di bassa pressione, da qualche parte, perduta nel Mar dei Caraibi, a nord-est delle coste del Nicaragua. Il meteorologo della Cnn si sforza di essere rassicurante, anche se sembra corrucciato, pensoso. Sa che deve combattere le ansie di un popolo televisivo abituato a controllare tutto dal divano di casa, tutto tranne gli uragani. C'è un'onda tropicale che si allunga, una depressione. Ma sei ore dopo (bastano sei ore, cari telespettatori...), mentre avanza lentamente verso nord, verso le Grandi Antille, terre di corsari, è già diventata una tempesta.

Manca una settimana a Halloween, e Noah e Iskra sono davanti alla tempesta in tv.

Sono distesi, dopo aver fatto l'amore su un vecchio letto che cigola e geme più di loro. È il letto del loro nuovo appartamento, sulla 57ª West di Manhattan. Un palazzo ambizioso che sembra un castello della Loira, ma con i fumi del ristorante cinese che salgono fino alla loro finestra.

È la vecchia casa newyorkese di David Liebermann, il nonno di Noah. Se l'era comprata dopo i primi soldi fatti con le leggendarie camicie Liebermann. Era la sua Hannukkah, il suo personale tempio di Gerusalemme, la sua consacrazione, il luogo dove il vecchio esule, internato nei campi siberiani, dimostrava al mondo di aver riguadagnato la libertà. E la ricchezza, che non guasta. Dopo molto tempo Noah ne ha preso possesso. Ha respirato l'odore del pavimento di legno che stava lì da cent'anni. Ha tirato via le ragnatele insieme a Iskra, condividendo con lei quel lavoro archeologico sulle sue origini, scavando, pulendo, come i suoi colleghi climatologi fanno con le conchiglie. Hanno rimesso a posto i vecchi libri, letture bibliche, salmi di rabbini trafugati dalla Siberia. Hanno trovato persino un pianoforte a coda, impolverato. Iskra si è seduta e ha fatto una scala: il pianoforte, che nessuno ha mai suonato, ha ragliato qualche nota stonata, grato di quell'attenzione. E poi ci sono le finestre su downtown coi palazzi che vengono su. Un'esplosione quotidiana di cemento e vetro. Sono lì da poche settimane eppure il panorama sta già cambiando con una velocità straordinaria.

Anche il panorama della loro vita è cambiato. Sono passati due anni da Mosca. Dalla lunga estate calda di incendi e di passione. Le passeggiate mano nella mano sotto le guglie della Piazza Rossa che, lentamente, si liberavano dalla fuliggine e tornavano d'oro. E poi Iskra l'aveva portato su, fino alla penisola di Yamal, nella vecchia dacia del padre, circondata da larici a perdita d'occhio, nella neve. Ma lassù non c'era nulla, solo orizzonte, file d'alberi e lunghe giornate abbracciati. Non poteva bastare.

Ora Noah ha vinto una borsa di studi alla Columbia University e Iskra lo ha seguito. Continua a fare la volontaria per Greenpeace. Pochi, pochissimi soldi, ma hanno un appartamento sulla 57ª, l'eredità di Noah e una vita da spendere dietro ai saliscendi del clima.

Il 24 ottobre 2012 a New York è una giornata normale. Gli italiani hanno da poco celebrato il Columbus Day, in parata sulla Fifth Avenue, tutti col cappotto. Sembra un tranquillissimo autunno newyorkese, pieno di zucche e maschere. Ci si veste da Obama, da Psy, da Elvis, da corsari (*Pirati dei Caraibi* è ancora il successo cinematografico dell'anno).

Iskra e Noah guardano la tv dal letto. Fuori la sera è luminosa come sa essere solo a New York. Ma, intanto, a quattromila chilometri dalla 57ª West, una farfalla ha sbattuto le ali, proprio nel Mar dei Caraibi, zona di pirati. È un mare caldo, troppo, in quell'ottobre che sembra mite. Sarà il riscaldamento globale, saranno i gas serra, sarà il sole impetuoso di quell'autunno. Ci sono 30 gradi nel Mar dei Caraibi, neanche una piscina di Miami a metà agosto. Lo spiega il meteorologo in tv: «Signori e signore, l'acqua calda evapora. C'è poco da fare. Avete presente una mongolfiera? I gas caldi sono più leggeri e salgono. E mentre l'aria umida va verso l'alto, la pressione sotto si abbassa. Questo aumenta ancora l'evaporazione. È come un grande aspirapolvere che si accende, gentili telespettatrici e telespettatori. È una colonna di aria calda e umida che viene risucchiata, schizza su. Ma non è ancora finita, intanto però... pubblicità!».

Stanno provando a vivere insieme Noah e Iskra. New York è la città delle opportunità. Ce n'è per tutti. Anche per un climatologo nullafacente, con un po' di soldi di famiglia, e per una militante hacker russa. Non è stato facile convincere Iskra a lasciare Mosca. Anche se su cuteonly.com cercava il suo occidentale, quando finalmente lo ha trovato, ha iniziato a guardare le cupole variopinte di San Basilio con occhi diversi.

«I siberiani, *profiessor*, sono spiriti liberi. Non amano il capitalismo.»

A Wall Street, dove tutto ha un prezzo, Iskra non si sente a casa. Vuoi qualche tonnellata di CO_2? Quotata e prezzata. Vuoi metano da riscaldamento? Nessun problema. Vuoi una campagna contro il riscaldamento globale? Considerala fatta.

«Il mercato lo hanno fatto qui. Sotto queste insegne

ammalianti di Wall Street. Noi invece abbiamo fatto altro, abbiamo fatto la Rivoluzione, abbiamo ucciso lo zar. È diverso. Voi avete deciso che tutto si compra, noi che tutto si cambia.»

Ogni tanto lo sguardo di Iskra si fa malinconico, sospeso sopra quella foresta di vetro e luci. Ricorda l'ultimo inverno passato a Mosca, dopo il grande fuoco: l'oro e la neve di Mosca, l'odore di cavolo e *kvas* sulle scale dei palazzoni staliniani. Ma con la forza dei suoi vent'anni («Ormai ventidue, *profiessor*!») Iskra ci sta provando. E adesso è lì, sul letto del vecchio David, a guardare le tempeste in tv e le luci di New York fuori dalla finestra.

«Quindi, gentili telespettatori, ricapitolando...» Quella sera, 24 ottobre, le previsioni del tempo sono il programma di massimo ascolto in tv. Lo resteranno per molti giorni. Non ci sarà reality, commedia, telefilm che tenga. 330 milioni di americani cercheranno rassicurazioni sul piccolo schermo. E nessuno potrà dargliele.

«Vi ricordo che le previsioni del tempo sono offerte da Silic-one, il silicone che rende impermeabili le vostre finestre anche davanti a un uragano!»

Quindi ricapitolando... prima c'è l'acqua calda. Come sempre tutto parte da lì: dalla scoperta dell'acqua calda. L'acqua che evapora, passa da liquido a gas, toglie un po' di calore all'oceano e lo porta nell'atmosfera. Il fatto è che non può salire per sempre questa colonna di vapore acqueo, a un certo punto, al freddo dell'atmosfera più alta, si condensa. E fa esattamente il contrario di quello che ha fatto prima: passa da gas a liquido. Prima aveva preso energia, adesso la restituisce. E così si formano le nubi del temporale.

L'aria fredda intorno a questo «vapore di fumo» si scalda, si espande e si allontana dal punto di partenza. Sale ancora finché non si raffredda e scende lì da dove veniva. Al mare.

Soffiano i venti… e il ciclo ricomincia.

Iskra e Noah si guardano negli occhi. Neri Noah, di geni askenaziti. Grigi Iskra, di discendenze caucasiche, cristallizzati nel gelo siberiano. Si guardano e poi guardano le finestre del vecchio appartamento, quelle di un secolo fa. Con un po' di carta da giornali infilata a tappare spifferi.

In cento anni di storia il palazzo che sembra un castelletto sulla Loira ne avrà viste di tempeste… resisterà anche a questa. Sembra dire la mano di Noah, mentre si chiude intorno alle dita sottili di Iskra.

Se mai la tempesta dovesse salire fin quassù, correre per tremila chilometri pompando su e giù acqua calda e fredda, come un motore a vapore fuori giri.

Siamo sicuri, Noah?

Gli occhi di Iskra sembrano dire altro.

Siamo sicuri che questa città di specchi e luci, innalzata a gloria dell'uomo e del denaro regga di fronte alla devastazione della natura?

La tv rimane accesa e ricorda che la catena di ferramenta più grande d'America è aperta sempre, e fa sconti straordinari anche in piena tempesta. Poi riappare il viso rasato di fresco, sempre più perplesso, del meteorologo. Indica qualcosa di nuovo sulla mappa in sovraimpressione, qualcosa di denso e grande.

Eravamo rimasti al nostro motore ad acqua e ad aria che pompa calore dal mare all'atmosfera sempre più forte. Adesso, laggiù nel Mar dei Caraibi, dove c'erano i pirati, c'è una nuvola di pioggia che è diventata una gigantesca iride bianca, e in mezzo c'è una pupilla azzurra, di cielo limpido.

È l'occhio adirato di Dio? No, è l'occhio del ciclone, ma è quasi la stessa cosa.

Solo che non è ancora un uragano, non basta la bassa pressione e nemmeno la condensa. L'uragano, per essere tale (per chiamarsi come la divinità maya del fuoco e della tempesta, Huracan), deve girare. E lo fa perché la Terra gira, 40mila chilometri al giorno, all'equatore. E l'aria devia sempre verso destra, finché non inizia a ruotare. Ed è allora che l'iride prende vita, si muove.

Succede così che, dalla scoperta dell'acqua calda, da un battito d'ali di farfalla nel Mar dei Caraibi, avrete un vortice violentissimo che ruota su se stesso e va verso la grande città.

«Non ho mai visto un uragano, Noah. Ho visto tempeste di neve che potevano gelare orsi polari, incendi che bruciavano il permafrost. Ma non ho mai visto un uragano.»

Il 24 ottobre 2012, mentre Iskra e Noah guardano le

previsioni del tempo sul letto che cigola, arrampicati sulla 57ª West, Sandy è diventato ufficialmente un uragano. Adesso gira come un vecchio motore a vapore, macina mare, terra, uomini. Giamaica, Haiti, Cuba, Bahamas, Bermuda... e continua la sua strada.

18
Il padre del riscaldamento globale

Il 27 ottobre è quasi una bella giornata a New York. Verso mezzogiorno ci sono 17 gradi e sprazzi di sole ancora caldo, i venti quasi si sono fermati e sulla città soffia solo un flebile alito d'aria. La pressione è 1015 millibar, la visibilità di 16 chilometri. Certo umidità ce n'è, al 75 per cento. Però Manhattan è un'isola, ci si fa l'abitudine.

Se si sale sull'Empire si può vedere il New Jersey. Insomma, è una bella giornata.

Ma allora perché tutti puntano gli occhi sospettosi al cielo o al telefonino, infestato da decine di app per controllare le previsioni?

New York aspetta la tempesta: un uragano di categoria 1, che ha attraversato tutti i Caraibi, ucciso alcune centinaia di persone, ed è pronto a salire su e a cogliere la Grande Mela, mentre soffia i suoi venti in quel momento a 130 chilometri orari.

«Viaggia entro i limiti di velocità, Noah. Come la tua macchina in autostrada quando dovremo scappare.»

«Nessuno scapperà, nessuno è mai fuggito da un uragano, qui a New York.»

Noah guarda giù, le colonne di fumo che salgono dal cinese sotto, e più in là, Columbus Circle, inspiegabilmente silenzioso. Qualcuno gioca a frisbee sui prati di Central Park, i dischi tracciano traiettorie perfette in una giornata senza correnti. Le foglie ingiallite se ne stanno immobili sugli alberi, le bandiere sui palazzi dell'Upper West Side sono inerti, inanimate. C'è meno traffico del solito e la città sembra svuotata, sospesa. Tutti sono in attesa di qualcosa, come se ci fosse un grande vuoto da riempire. I meteorologi del National Hurricane Center adesso ne sono certi: la bufera sta per arrivare anche quassù. La città del peccato e dell'orgoglio sta per essere investita. Intanto però tutto funziona, come sempre, e si finge di non pensarci.

Noah e Iskra, come tutti, stanno al gioco. È una giornata di riposo dal lavoro, ma non c'è riposo per chi porta avanti una guerra da anni. Sempre la solita, vecchia ferita, quelle delle mail. Stavolta hanno rintracciato un pezzo grosso, uno che ne può sapere qualcosa. Se non delle mail almeno del clima impazzito.

Assorto, Wallace Smith Broecker li aspetta seduto a un tavolo di formica verde del Manhattan Diner, sulla 77ª, all'angolo con Broadway. Il locale è vuoto, come tutto il resto. Alle spalle ha ottantun anni, una ventina di libri, centinaia di pubblicazioni, e persino un film,

L'alba del giorno dopo, horror climatico sulle glaciazioni, ispirato alle sue teorie.

In ottantun anni il professor Broecker, detto Wally, ha accumulato soprannomi. L'ultimo, quello che gli piace di meno, è «il nonno della scienza del clima».

«Non mi chiamate così ragazzi, perché davvero non lo merito... il nonno!? Meglio padre: padre del riscaldamento globale. Questo sì, mi suona!»

Noah lo ha convinto a incontrarli intercettandolo alla Columbia, dove Wallace Broecker è entrato nel 1959, mezzo secolo prima. Lo segue dai tempi di Norwich e ora finalmente ce l'ha davanti mentre ordina tre pancake a una cameriera timida e silenziosa.

«Sono i migliori pancake dell'Upper West Side, ragazzi. E possiamo mangiarceli da soli. Nessuno verrà a disturbarci. Sono tutti impauriti da un uragano che stiamo aspettando da anni.»

Quando finalmente arrivano i pancake con il loro sciroppo d'acero, Noah comincia con le domande e Broecker con le risposte.

«So tutto di quelle mail rubate. Sono tutti miei giovani amici. Mann, Jones... i nostri professori. Utopisti, sognatori armati di scienza e convinzioni. E le convinzioni, le sicurezze, ti fanno sbagliare. Mail imprudenti, facili da trovare. I russi non si sono dovuti impegnare troppo. Da dove ha detto che viene signorina?»

Iskra risponde con le labbra sporche di zucchero a velo. «Siberia.»

«Ecco, appunto, hacker siberiani. So tutto eppure non

so niente di quelle mail. Non so chi è stato e posso solo immaginare il perché, proprio come voi.»

Noah guarda Iskra, è indeciso se informare l'anziano climatologo di quanto hanno scoperto su RasPutin. Iskra risponde al suo sguardo socchiudendo gli occhi, negativa: «È solo una pista come tante. Non abbiamo in mano niente. E lui non ci può aiutare». Questo dicono i suoi occhi, sempre diffidenti.

In quelle ore del 27 ottobre, sabato, mentre cuociono i pancake del Manhattan Diner, uno dei pochi aperti, e la tv del locale è accesa sui canali meteo, Sandy ha attraversato le Bahamas (sogno esotico di ogni newyorkese infreddolito) e si è indebolito. È diventato una banale tempesta tropicale. Ma Broecker, scettico, scuote comunque la testa: «Vede signorina, è già scritto che Sandy sbarchi qua, davanti alle vetrine troppo fragili del nostro Manhattan Diner, e che si porti via tutto. Che fermi sei milioni di pendolari, 10mila treni. È tutto già scritto. Il sistema climatico è una bestia affamata e noi lo stuzzichiamo con un bastoncino. È un equilibrio instabile. Basta un piccolo cambiamento, un battito d'ali di farfalla, per generare un uragano. E non sappiamo ancora con che velocità, con che violenza…».

Broecker gusta il suo pancake e sorride, compiaciuto, come se non stesse parlando di Apocalisse. Poi, senza cambiare espressione, riattacca: «Questi negazionisti, quelli che hanno sparpagliato le mail ai quattro lati del globo… tutta questa gente dirà che il Signore *ha fatto* il cielo e la terra e il mare e quanto è in essi. È naturale che tutto si riscaldi o si raffreddi, perché è sempre successo così. È la sua volontà, e noi che c'entriamo? Ma il problema arriva al settimo giorno, è il settimo giorno, il sabato, che noi avremmo dovuto riposare, e invece cosa abbiamo fatto?».

Ispirato, come se stesse officiando messa, Wally prende il piatto davanti a lui.

«Questi due pancake, signorina, sono due atomi di ossigeno. In mezzo, questa massa informe e calorica di burro e sciroppo d'acero è l'atomo di carbonio. Tre atomi in fila: tutto perfettamente simmetrico. I due atomi di ossigeno sono uniti all'atomo di carbonio da un doppio legame. L'anidride carbonica è solubile in acqua e capace di strane alchimie. Per esempio, di passare dallo stato solido direttamente a quello gassoso, per sublimazione. E così salta fuori il ghiaccio secco che ti danno anche qui al Manhattan Diner, quando ti porti a casa il loro terribile gelato. Ma soprattutto la CO_2, con la sua forma lineare, la sua incredibile semplicità (un pancake di ossigeno e carbonio), quando finisce nell'atmosfera diventa un microscopico specchio di Archimede. Intrappola la radiazione infrarossa della luce solare e la riflette, la rimanda indietro, verso la superficie terrestre. È l'effetto serra, signorina. Se non ci fosse, su questa Terra ci sarebbero una trentina di gradi in meno. Ora, lei magari è abituata, in Siberia, ma io e il suo giovane amico no. Non sopravvivremmo in tanti, e sarebbe un peccato.»

Broecker si agita, fa ruotare i pancake, sposta i bicchieri col succo d'arancia.

Fuori c'è il sole, adesso, un sole caldo. Eppure il bollettino di guerra di quel giorno, 27 ottobre 2012, prevede:

- un'intera flotta mossa dalla base navale di Norfolk, in Virginia;
- stato d'emergenza in Nord Carolina;
- evacuazione forzata di alcune isole del Maryland e soprattutto del New Jersey;
- il sindaco di Wildwood, il paese dei Liebermann, che invita caldamente la sua comunità, nelle zone basse e nei quartieri a rischio, a lasciare le case entro la giornata;
- il governatore dello Stato, Chris Christie (con evidenti ambizioni presidenziali), che non ci pensa un attimo e fa chiudere tutti i casinò di Atlantic City.

Quanto a New York, mentre Iskra, Noah e il professor Broecker si godono i loro pancake, il presidente degli Stati Uniti, Barack Obama, ha già firmato la dichiarazione d'emergenza per tutto lo Stato.

Ma dalle vetrine del diner filtra un sole caldo e illumina le mani del professor Broeker che si muovono, come a lezione.

«Ora, la CO_2 è roba nostra. È la combustione di un composto organico in presenza di ossigeno tanto da portare all'ossidazione. Lo produciamo noi respirando, lo tirano fuori i batteri durante la fermentazione alcolica. Mettiamo biossido di carbonio negli impasti per farli lievitare. Anche in questi dannati pancake. Poi lo producono vulcani, geyser, fumarole, e via così... C'è chi sostiene che i vulcani e la CO_2 abbiano quasi estinto la vita, al caldo, qualche centinaio di milioni di anni fa. Il nostro clima è un drago famelico capace di essere mansueto solo per un miracoloso equilibrio tra oceani, atmosfera, ghiacci. Ed è un equilibrio fragile, basta un nulla e viene giù tutto. E questo nulla noi lo stiamo facendo, miei giovani amici. Al settimo giorno non ci siamo affatto riposati, anzi abbiamo cominciato a pompare gas serra. Combustione di petrolio, carbone fossile, centrali termiche e automobili.»

Gli occhi di Iskra cadono distrattamente sulla tv, accesa in fondo alla sala: l'uragano Sandy, sissignore, uragano, inutile ormai perdersi dietro ad altre definizioni ipocrite, gira come uno squalo al largo delle Bahamas, e si avvicina alle coste del Nord America.

L'ultima cameriera rimasta del Manhattan Diner ha tirato via bicchieri, piatti, stoviglie e sta dando una pulita sommaria.

Ma il professore continua: «Cinquantamila tonnellate di anidride carbonica al minuto. Questo produciamo... al settimo giorno. Quanto i rifiuti di una giornata a Mosca. Questo è il conto! Prima della Rivoluzione industriale la concentrazione di CO_2 era di 280 parti per milione. Solo un'ipotesi, ma molto verosimile. Adesso sono quasi 400. Cosa è cambiato? Il clima, amici miei. Ora, per carità, ci possiamo sbagliare. I modelli matematici non sono mai perfetti, tendono a semplificare. Ne ho fatti alcuni anche io e sono stato dannatamente fortunato, ho avuto ragione: più sale la concentrazione di anidride carbonica, più salgono le temperature. 50mila tonnellate di anidride carbonica al minuto. I minuti diventano giornate, le tonnellate diventano milioni e alla fine arriva il conto, la condanna, il diluvio, qualcosa che rompe l'equilibrio e ci spazza via come formiche».

La cameriera, un po' meno timida di prima, si avvicina e depone il conto sul tavolo. «Dobbiamo chiudere, signori. È stato indetto lo stato d'emergenza. E questo è il conto.»

Adesso sono fuori. Broadway, angolo 77ª.

La città cresce all'ombra di Wall Street, di una Borsa che si è già ripresa dalla crisi di quattro anni prima. Manhattan è un'arca solida, ha retto. Nuovi palazzi miliardari salgono come le montagne di carbonato sul fondo degli oceani.

Un negozio temporaneo di maschere è l'unico locale rimasto ormai aperto. PREPARATEVI PER FRANKENSTORM, c'è scritto sulla vetrina.

Wally Broecker, si aggiusta gli occhiali, li inforca e saluta Iskra, poi guarda Noah («Bel colpo ragazzo!»), si gira verso nord e si incammina a piedi, perché già la metro sospende molte corse.

Noah e Iskra lo guardano sparire dietro l'angolo con l'andatura quasi sollevata di chi ha già visto molto e si aspetta tutto.

19
L'Apocalisse di aria

Il cielo si ritirò come un rotolo che si avvolge e tutti i monti e le isole furono smossi dal loro posto. Allora i re della terra e i grandi, i comandanti, i ricchi e i potenti, e infine ogni uomo, schiavo o libero, si nascosero tutti nelle caverne e fra le rupi dei monti; e dicevano ai monti e alle rupi: «Cadete sopra di noi e nascondeteci».

Apocalisse 6,14-16

Broadway è il primo segnale che l'uragano sta davvero arrivando. La Lega teatrale chiude tutti gli spettacoli per quella domenica e per quel lunedì. *Morte di un commesso viaggiatore*: cancellato! *Cyrano de Bergerac*: cancellato! *Jesus Christ Superstar*: cancellato! *Il re leone*: cancellato! Roba che sta in cartellone da decine di anni. Una macchina che l'ultima volta si era fermata solo per l'11 settembre. Chiusa, spettacoli annullati, biglietti rimborsati.

Il secondo segnale che l'uragano bussa alle porte è la metropolitana. La città di sotto, vene e arterie, il sangue pompato di New York. L'autorità portuale sospende tutti i treni (tutti!) da mezzanotte di domenica. Si va in macchina, o a piedi. O, meglio ancora, non si va da nessuna parte.

Il terzo segnale è l'evacuazione. L'arrivo della polizia con i lampeggianti e le sirene. Le parti basse della città devono essere abbandonate, urlano gli agenti, megafoni in mano. Passano a downtown, dalle parti di Seaport, in una fantomatica zona A. Chi ci abita se lo ricorda perché già si era allagata un anno prima, con un altro ciclone che si chiamava Irene. Nessuno ci ha mai pensato davvero ma Manhattan è un'isola, e il mare sale con gli uragani. In città aprono 76 rifugi di evacuazione con la Guardia Nazionale schierata. È una guerra, non c'è scampo.

Il quarto segnale sono le scuole. Scuole chiuse, fino a nuovo ordine, direttamente dal sindaco. Ragazzini a casa, per di più con Halloween alle porte.

Iskra e Noah sono andati a fare provviste, ma sono arrivati dopo gli altri. I supermercati sono già stati presi d'assalto, i reparti, gli scaffali devastati. Non c'è più nulla, dall'acqua minerale alle fette di bacon. Di fronte alla tempesta anche una città eroica come New York, sopravvissuta all'11 settembre, perde il lume della ragione. Hanno trovato l'ultimo drugstore rimasto aperto sotto casa e hanno portato su, nel loro appartamento sulla 57ª, pane in cassetta che sa di conservanti e aringhe affumicate.

«Perché sempre all'ultimo momento, *profiessor*? In Siberia non sopravvivresti un mese.»

Iskra è nervosa, mentre sistema la spesa dietro le ante, come se l'uragano se la potesse portare via. È tesa, e non solo per l'arrivo di Sandy. Sente qualcosa crescerle, montarle dentro, come se l'occhio del ciclone si fosse messo in moto da qualche parte nelle sue viscere. Sarà dura chiudersi in casa e attendere con quel diavolo in corpo.

«Non è una città per aspettare, New York. La città che non dorme mai e che non riesce a star ferma. È come se fosse sempre in preda a una compulsione, è contro la sua natura spegnersi.»

Noah osserva le Avenue che salgono e scendono per la città e che si svuotano come un vaso rovesciato. Sono le stesse che può vedere Donald Trump sulla Fifth Avenue, o Wallace Broecker alla Columbia, o il sindaco che ha chiuso tutto dalla City Hall.

«Gli uragani sono democratici, come tutti i cambiamenti climatici. È sempre la stessa pioggia, sempre lo stesso vento. Puoi illuderti di ripararti meglio, se hai soldi. Ma l'uragano non fa molte distinzioni, livella tutti, *profiessor*.»

Insieme si stappano una birra e guardano gli ingressi della metro sbarrati, deserti. Persino la grande stazione di Columbus Circle, o Times Square, la piazza del tempo, e Wall Street, la piazza dei soldi: tutte svuotate.

Iskra fissa gli occhi neri di Noah. Vorrebbe abbracciarlo ma non lo fa. Tra quelle quattro mura, con i giornali infilati negli infissi, le manca l'aria. Le manca l'orizzonte dritto e libero, punteggiato dai larici, della penisola di Yamal. Difficile che una siberiana si adatti all'improvviso a vivere a Manhattan, come se nulla fosse.

Intanto, a poche ore dallo sbarco di Sandy, in Michigan, mille chilometri a ovest di New York, siccome è quasi novembre, arriva un sistema di tempesta invernale, che scende dritto come piombo freddo, dall'Artico.

«Niente succede mai per caso, *profiessor*, in questa città di spettri.»

Si alzano venti e neve nelle grandi pianure e, nei giorni in cui tutti diventano meteorologi, il fronte freddo si mescola a un'alta pressione che arriva da nord. Succede così che l'uragano si blocca sui cieli di questa capitale di soldi e tempo, sui cieli sopra Wall Street e sopra Times Square. E poi comincia.

Alle sette della sera, per l'ora dell'aperitivo, Frankenstorm (ma non chiamatelo così, turbereste i vostri telespettatori!) arriva sulla costa del Delaware e del New Jersey. Si presenta come un uragano di categoria 2. Si estende per centinaia di chilometri.

Mentre Noah è davanti alle news in tv, Iskra non riesce più a sostenere lo schermo, l'inglese nervoso dei meteorologi improvvisati le ferisce l'orecchio.

A gambe incrociate, sul pavimento di legno, si è messa a leggere un libro russo, *I dialoghi dell'Anticristo*, di Vladimir Sergeevič Solov'ëv. Noah la guarda di traverso: «È quella roba nazionalista che piace al tuo amico RasPutin, vero?».

«Il più grande filosofo russo immagina un mondo pacificato da un uomo di virtù straordinarie, ecologista convinto, amante di tutti gli animali, che però è l'Anticristo. Smascherato da un gruppo di cristiani irriducibili.»

«Smascherato da cristiani russi, immagino. Un Anticristo ecologista... ecco perché piaceva a Vladimir.» Noah spegne la tv e accarezza i capelli di Iskra, la vorrebbe più vicina. «Iskra, mi spiace che non lo abbiamo trovato.»

Sono passati quasi tre anni dal fallimento della conferenza di Copenhagen e lo scandalo delle mail non si è mai chiarito. Dopo decine di inchieste, nessuno ha mai capito chi è stato. Nessuno tranne loro.

Il giorno dell'incendio, a Mosca, dopo aver fatto per la prima volta l'amore, si erano messi davanti al computer. Iskra aveva inserito la chiavetta che le aveva dato RasPutin, di sfuggita, prima di ripartire sulla vecchia Fiat. Era stato uno scherzo entrare nel file Foia, Freedom of Information Act. E là dentro c'era tutto. Anzi di più, molto di più di quanto loro sapessero. Altre cinquemila mail che nessuno aveva mai visto prima.

Noah e Iskra avevano letto e avevano capito che il filo dello scandalo del clima partiva da lì, dai server siberiani. Un filo della barba di RasPutin. Lo avevano cercato, erano tornati a Tomsk, avevano girato per fiere di pirati informatici. Avevano chiesto ai ragazzi di San Pietroburgo specializzati in hackeraggio di bancomat o a quelli di Minsk, capaci di sottrarvi tutta la memoria della vostra carta di credito. A Bijsk avevano incontrato quelli che riuscivano a entrare nei siti dei media americani, a raccontare che le loro illusioni liberal sarebbero presto finite. Ma non avevano trovato RasPutin. Sparito, come dissolto in un mondo digitale alla velocità di un click su una tastiera.

Poi, un anno dopo, nel novembre 2011, le carte erano uscite.

Un'altra infornata di mail private che venivano dalla University of East Anglia. Ancora il professor Jones, ancora i suoi colleghi, i suoi corrispondenti americani. Ancora Mann, l'inventore del bastone da hockey. Ancora lì, a interrogarsi sui dati in loro possesso e sui modelli, sulla loro validità.

Phil Jones, il vecchio professore, scriveva.

Difficile che la politica ci segua con decisioni che costano miliardi di dollari su modelli che non simulano o descrivono il processo base del cambiamento climatico.

Abbiamo bisogno di fortuna.

E tutto era finito in internet. Di nuovo un server russo, di nuovo all'alba di una conferenza sul clima, quella di Durban. Un'altra conferenza fallita. Il secondo Climategate, la seconda ondata di mail, non aveva replicato la guerra mediatica della prima. Tutto era stato archiviato rapidamente. Ma per Noah e Iskra era la conferma: RasPutin era il loro uomo.

E adesso sono lì, sospesi nell'occhio dell'uragano Sandy. Nell'appartamento sulla 57ª, che sapeva di legno, di quei vecchi larici diventati parquet.

Con un'umidità al 96 per cento e una visibilità quasi nulla, una foschia pesante che si diffonde anche nel cuore di Iskra che guarda lontano, e non sa più quello che vuole. Si intravedono solo le sommità di alcuni grattacieli. Sarà la nebbia, ma i palazzi di Manhattan dondolano, quella sera. Lentamente, Iskra, dalla sua finestra comincia a vedere i cieli di New York che si sbiancano. Lattiginosi.

«Si confonde tutto.» Sta parlando del cielo, e di sé. Una nebbia fitta che sale dal basso e scende dall'alto, fino a che non c'è più un sopra e un sotto.

La tv annuncia che l'acqua comincia a salire. A Staten Island sale di quattro metri sopra al livello del mare. Nelle terre basse davanti a Ground Zero qualcuno ha lasciato una telecamera accesa. Tutti possono vedere che il catino del Wtc, dove stanno costruendo da dieci anni il memoriale dell'11 settembre, diventa una gigantesca cascata del Niagara. Una trincea perduta: scale, gru, automezzi, tutto viene travolto dall'acqua.

Noah, che ha riacceso la televisione, si abbandona sul divano: «Per noi è un luogo sacro, la prima battaglia è già persa».

Poi, come non ti aspetti nella città che non dorme, si spengono le luci. Allora Iskra e Noah si accorgono che c'è luna piena quella notte, e questo innalza le acque e aumenta il chiarore. Le ombre dei palazzi sono spettrali.

Il sindaco Michael Bloomberg, che ha ritrovato la sua fede allarmistica dopo una brutta tempesta di neve del

2010, mentre chiudeva le scuole ha detto ai suoi concittadini di barricarsi in casa con un buon libro.

Piove a dirotto sulla città dei quattrini, la Babele dei sogni fatti di banconote e cemento. E tira vento, mentre Sandy soffia su New York.

Sulla 57ª, davanti al loro antico castelletto, stanno tirando su un palazzo che sarà l'ultima meraviglia di Manhattan. Un cantiere senza fine per il grattacielo residenziale più alto della città con un'enorme gru in cima, issata a sfidare qualsiasi forza di gravità. Il limite è il cielo, dicono gli agenti immobiliari che vendono appartamenti da 90 milioni (così vuole la leggenda) al 90° piano, trofei che sfidano e cambiano il panorama di Manhattan.

Iskra sta chiudendo il suo libro quando la gru crolla, si accartoccia come un ferro vecchio con un rumore di dita schioccate. L'acqua purificatrice e il soffio vitale di Sandy la piegano. Quando guardano nella nebbia, Iskra e Noah vedono un moncherino che pende dal cornicione, trecento metri più su. Iskra si ferma, come ipnotizzata. La gru oscilla nell'aria, cigola come un mostro ferito. Un senso di pietà per quel pezzo di ferro soffoca il cuore di Iskra che cerca, senza trovarli, gli occhi di Noah.

Il mattino dopo la città si affaccia sui marciapiedi bagnati.

La gru collassata lascia il segno, come lascia il segno l'acqua che ha invaso downtown.

Lasciano il segno le pompe che lavorano per settimane a svuotare una città, e l'elettricità che non torna per giorni.

Lascia il segno la gente in fila fuori dai diner (i pochi aperti) per ricaricare i cellulari, e la Borsa che non riapre per quarantotto ore. Non succedeva da una vecchia tempesta del 1888.

Però la gru collassata, vinta, è rimasta lì. Sospesa. Non si è schiantata in strada. Sembra all'improvviso fragilissima, fatta di fil di ferro. Ma c'è ancora. E lentamente qualcuno la metterà in sicurezza.

È il segno che Manhattan è sopravvissuta. Se l'è cavata ancora una volta.

Nell'autunno del 2014, il palazzo al 157 West della 57ª, solennemente ribattezzato One57, riaprirà i battenti e l'appartamento al 90° piano sarà venduto, guadagnandosi il record di attico più caro di sempre.

L'uragano passa. Tutte le tempeste passano.

Ma lasciano il segno.

Qualche giorno dopo Halloween, dopo una festa bagnata celebrata al chiarore di una luna spettrale, Iskra decide di ripartire, fa le valigie e se ne va verso Mosca. Non sa se è la città, la tempesta, se è Noah. La nebbia di quella notte le è rimasta dentro e non le fa vedere niente.

«Io non ce la faccio in questa Babele di soldi e ambizioni. Non ce la faccio con i palazzi da novanta piani. Le tempeste calde come Sandy. Non ce la faccio a far finta di lavorare. Non ce la faccio in questo appartamento da ricchi, pieno di memorie che non mi appartengono. *Profiessor*, amore mio, non posso restare.»

Noah rimane solo, immobile sul pavimento che sa di vecchi larici.

Le tempeste passano ma non si dimenticano.

20
La grande prostituta

Da quando ha cominciato davvero a lavorare per il gas, RasPutin ha cambiato vita.

Ha un autista e una macchina di lusso. Uno stipendio mai sognato. Una strategia precisa. Sul suo biglietto da visita c'è scritto: «vicepresidente esecutivo».

Parigi sembra più piccola vista dai finestrini di una Mercedes. Vladimir guarda i manifestanti colorati per strada, col volto dipinto, come Navajo in guerra. Anche lui è lì per la conferenza del clima ma si nasconde dietro i vetri oscurati, non ha alcun bisogno di fare chiasso. Se l'era promesso sui banchi di una scuola siberiana, col Burian che entrava dagli spifferi e alzava la polvere dei calcinacci: sarebbe entrato in Occidente da vincitore. E ora eccolo, sfilare con la sua Mercedes, a due passi dalla Tour Eiffel.

A Washington e a Mosca lo chiamerebbero lobbista. Quelli che scendono in piazza per protestare alle porte della conferenza di Parigi lo chiamerebbero avvelenatore del clima.

Da quando ha cominciato davvero a militare nelle file di un'associazione ambientalista, Iskra ha scoperto il megafono. Sostiene sempre che la vita vada organizzata come una partita di hockey: resta in centro e fai girare la palla. E così sta facendo anche per le manifestazioni programmate a Parigi.

È la prima volta in città ma non ha tempo di alzare gli occhi all'Arco che svetta sopra di lei e parla di un trionfo troppo lontano. È concentrata sul campo, come se avesse la mazza da hockey in mano.

Guadagna poco, non ha un biglietto da visita ma lascia in giro il suo numero di cellulare dicendo che è lei che muove tutto. Ha un solo obiettivo: fare rumore. La chiamano «la Capitana».

Noah, da quando ha cominciato a lavorare per il governo americano, non ha ancora preso un dollaro. Alla periferia di Parigi, nella delegazione che negozia gli accordi, si aggira per i corridoi senza fine di un'enorme centro espositivo, a Le Bourget, dove di solito si celebra una fiera aeronautica. Pochi incontri, nessuna strategia.

Se avesse un biglietto da visita ci sarebbe scritto «consulente junior dell'amministrazione per le tematiche ambientali».

Quando lo cercano quelli del governo lo chiamano: «Ehi ragazzo!».

«Senti ragazzo, visto che ci siamo, fammi capire che cosa abbiamo firmato?»

La delegazione è appena tornata dalla chiusura dell'accordo. Il primo appiglio dopo anni di fallimenti, non ancora un'oasi ma un goccio d'acqua per l'umanità assetata nel deserto. Noah è felice, non gli pesa l'aria di sufficienza del suo interlocutore. È evidente che una parte del personale diplomatico americano sia stato impegnato in altro.

«Ci sono voluti vent'anni, signore, ma questo è il primo vero accordo per ridurre le emissioni di CO_2.»

«Sì, sì, il biossido di carbonio. La causa di tutti i mali, secondo i manifestanti qua fuori. Ma ne siete proprio sicuri, ragazzo?»

«Signore, i gas serra aumentano e la temperatura sale. Poi magari sale uguale, anche senza biossido di carbonio. Ma sicuramente i gas non aiutano. E tutti devono fare la loro parte.»

«Siamo noi i cattivi di questa storia, vero ragazzo? Produciamo 5 miliardi di tonnellate di CO_2 all'anno. Noi, la Cina, la Russia, eh?! I cattivi...»

Noah ignora il ghigno del diplomatico.

«Si è deciso di stare ben al di sotto dei 2 gradi di aumento massimo, rispetto alla temperatura di prima della Rivoluzione industriale. È un primo passo, sottoscritto da tutti, anche dai cattivi. L'impegno è quello di limitare l'aumento della temperatura a 1,5 gradi.»

«Che razza di idea?! L'impegno? E chi controlla, giovanotto?»

«Non abbiamo mai messo vincoli: è un contributo volontario deciso dai singoli Stati. Dai cinquantacinque Paesi che producono più del 55 per cento del gas serra.»

«E chi ti dice che lo faranno?»

«Perché non c'è scelta, signore. Si fidi: non c'è scelta.»

Sulla fiducia. Tutto si gioca sulla fiducia.

Iskra lo sa bene. Solo che qui sono i poliziotti che bisogna convincere. Convincerli ad aprire l'Arco di Trionfo, per una manifestazione di piazza solo un mese dopo l'attentato del Bataclan, nell'XI Arrondissement: novanta morti, tra cui tanti ragazzi della sua età. In un teatro di ispirazione vagamente cinese, che sta lì, innocuo, dal 1864, come in attesa di quel venerdì di sangue.

«Signorina, è stato l'attentato più devastante dalla fine della Seconda guerra mondiale sul territorio francese. Quindi, non so se mi spiego, ma direi che non è proprio il caso. Anche perché l'ultima manifestazione non autorizzata dei suoi colleghi ambientalisti è finita con 10 dei nostri feriti, e 317 dei vostri arrestati.»

Iskra ammorbidisce gli spigoli e depone i panni della Capitana. Ora è la ballerina, e sfoggia grazia e un francese perfetto, imparato alle superiori.

«Agente, non siamo qui per protestare, mi creda. Siamo qui per manifestare, insieme e pacificamente, le preoccupazioni del mondo. La prego, agente, non potete fare un'eccezione?»

Il poliziotto guarda Iskra negli occhi grigi, come il ghiaccio che si scioglie.

«Potremmo fare un'eccezione, come atto di buona volontà. Ma non deve volare una mosca al di fuori del corteo.»

Mentre Iskra sta già andando verso i suoi, felice della vittoria, l'agente la richiama: «E poi, signorina, siete proprio sicuri che il mondo si stia riscaldando? Ha sentito che freddo che fa, in questa Parigi impaurita?».

«Sono siberiana, agente. Non sento il freddo.»

«Signori, è il freddo la chiave di tutti i successi del gas e del petrolio siberiano.»

RasPutin parla nella sala conferenza di un grande albergo accanto all'Arco di Trionfo, davanti a lui ci sono gli uomini chiave dell'impresa degli idrocarburi russi.

«Il 20 per cento del mondo creato ha bisogno di noi per scaldarsi. Siamo la prostituta del pianeta, quella con cui si addormenta un europeo su tre. Ma dobbiamo vigilare, stare attenti, perché domani potrebbe non essere più così.»

Dall'altro lato del tavolo ovale emerge una voce profonda che parla in russo: «Ma perché dovrebbero non avere più bisogno del nostro gas, Vladimir? Il gelo non si sconfigge».

RasPutin fa scorrere le slide sulla parete, grafici, saliscendi di numeri.

«Non è il riscaldamento globale che temo. Uno, due gradi. Cambia poco. Il problema è la Borsa. E se domani gli investitori istituzionali dovessero togliere i loro soldi nel nostro gas? Forse convinti dalle Cassandre del clima, da un mondo sommerso di alternative verdi che aspettano solo il loro momento di gloria. Se la Borsa orientasse il mercato e facesse scendere i nostri titoli? Per questo non dobbiamo, non possiamo mollare, signori. Devono continuare ad avere bisogno di noi, per andare a dormire, proprio come se fossimo una prostituta, la migliore delle professioniste sul mercato.»

Vladimir e i suoi sono a Parigi per orientare il governo russo alla resistenza.

Noah e i suoi per spronare il governo americano all'azione.

Iskra e i suoi per manifestare.

Anche questa conferenza sul clima sta finendo e queste tre anime, questi tre fili sottili sono destinati a intrecciarsi, sfiorarsi come il dito dell'uomo e di Dio nella creazione.

21
Il popolo in armi

È sabato 12 dicembre 2015. Mancano due settimane a Natale e la conferenza sul cambiamento climatico si sta chiudendo.

Iskra e Noah, alle tre, hanno appuntamento sotto l'Arco di Trionfo. Non hanno mai smesso di studiarsi in questi anni, da lontano. Le foto sui social di Iskra, col megafono in mano; due righe di biografia di Noah sul sito governativo: hanno strappato frammenti l'una dell'altro a quattromila chilometri di distanza. Sapevano che sarebbero stati qui a Parigi, entrambi. E anche stavolta è stato Noah a insistere, fermo, paziente, irriducibile. I Liebermann, vecchi esuli ebrei, sono così.

Le ha scritto per settimane, mesi, anni.

«Compagna, come si scioglie il tuo freddo cuore siberiano? Tutto si scioglie. Si sciolgono i ghiacciai. Si scioglie il permafrost.»

Iskra ci ha messo tempo: dall'America si era portata

a casa una nebbia diffusa e la sensazione di essere in trappola. Ma, alla fine ha allentato le sue difese. Prima rigida, infastidita, poi finalmente bisognosa, piena di nostalgia.

«Salgono le temperature, compagna: 1, 2, forse 3 gradi. È solo il tuo cuore che resiste.»

E così anche stavolta ha ceduto. Forse per difendersi, però, ha fatto in modo di incontrare Noah con la sua armatura da Capitana. Gli ha dato appuntamento alla manifestazione, dentro.

Noah l'ha trovata esattamente dove gli aveva detto, sotto l'Arco di Trionfo, intenta a dirigere un gruppo di orsi polari (vi ricordate di Sarah Palin?) che ballano e tengono in mano un grande fiocco rosso.

«Attivisti danesi in maschera, *profiessor*. Coreografie improvvisate. Volevamo metterli sui pattini, ma poi era pericoloso.»

Si guardano negli occhi, ed è di nuovo come ritrovarsi dopo un naufragio, in quella fiumana di gente che grida e canta un futuro che forse non ci sarà. Ma non c'è tempo per ritrovarsi. Iskra sa che la loro storia può riprendere solo da dove è cominciata. Per questo ha dato appuntamento anche a un'altra persona, al vecchio RasPutin, ormai sbarbato e rasato, vestito con abiti di sartoria. Ha organizzato tutto lei. È stata al centro del campo per tre anni e ha fatto correre il disco sul ghiaccio. Ha importunato amici, nemici, colleghi, hacker diventati come rock star nel panorama della Russia sotterranea e digitale. Finalmente ha trovato un indirizzo mail e ha ricevuto una tarda, svogliata risposta.

«Ragazzina, cosa vuoi da me?»

Iskra ha vinto le sue ritrosie, lo ha blandito, vezzeggiato. E ha convocato anche lui lì, sotto l'Arco.

RasPutin scende dalla Mercedes nera, che continua la sua corsa sugli Champs-Élysées.

Il lobbista è un uomo cresciuto in fretta. Si ferma accanto al primo pilone di marmo e guarda la manifestazione passare. Alle sue spalle c'è il grande rilievo della partenza dei volontari. 1792: i francesi, in armi, a difendere la nazione. Rivoluzionari e conservatori, bonapartisti e realisti, giovani e vecchi, tutti guidati dalla Vittoria.

Vladimir raggiunge Iskra che ora è tra i due uomini della sua età adulta. Uno davanti all'altro e lei in mezzo.

La Capitana indica con un gesto la folla, raccolta intorno all'Arco.

«Vedi, *batjuška*, è il popolo in armi che combatte la sua guerra.»

RasPutin si guarda intorno, distratto, quasi accecato da tutta quella luce e quei colori.

«Non so se sia una guerra giusta… ma benritrovata compagna! *Amerikanski profiessor!*» Saluta i due con un sorriso neutrale, inclinando leggermente la testa, senza stupore apparente.

Noah, con ancora l'emozione in gola per aver ritrovato quegli occhi grigio ghiaccio, guarda ora RasPutin come un fantasma emerso dall'inconscio. Non capisce cosa stia succedendo ma sente che non è il suo momento: deve lasciare il campo a chi è cresciuto nella tundra, a chi ha ancora il sibilo del Burian nelle orecchie.

«La tua è una guerra giusta, *batjuška*, combattuta per i soldi del gas?»

«No. Quelli ci saranno sempre. I mercanti non li abbiamo inventati adesso.»

In sottofondo si sentono i cori dei manifestanti. Un gruppo di peruviani agita bandiere con su scritto: NUCLEAR POWER? NO THANKS!

«E tu sei passato con i mercanti.»

RasPutin guarda Iskra dritto negli occhi, senza vergogna. Iskra sostiene lo sguardo: anche senza barba, rimane in RasPutin qualcosa del *batjuška*, del piccolo padre che le ha insegnato a danzare nei server. Sono due capitani ora, sotto il cimelio di una vittoria antica.

«La scienza del clima rischia di far buttare miliardi di investimenti. Ma tanto non sarete voi a pagare, saranno i Paesi più poveri, quelli che non vivono nel vostro mondo, che pagheranno con fame, violenza, malattie. Pagheranno i bambini di Tomsk, compagna, con padri alcolizzati, madri tossiche, cresciuti dalle *babuške* con le pensioni di Stato.»

«Se non si ferma questa macchina che emette troppi fumi pagheremo tutti, poveri e ricchi. Perché arriveranno guerre, carestie e siccità. Allora sì avremo l'Apocalisse.»

I manifestanti, decine di migliaia, hanno tutti un tulipano rosso. Il rosso del fuoco e delle loro convinzioni.

«L'Apocalisse almeno è democratica, compagna, e soprattutto non è affar mio.»

RasPutin accetta il fiore rosso distribuito da un bambino. Se lo appunta all'occhiello. Sorride a Iskra e guarda, per la prima volta, Noah.

«E comunque è tardi, *profiessor*. La macchina è difficile da fermare, ora. Forse si poteva fermare sei anni fa, a Copenhagen. Ma quelle vostre mail, *profiessor*, hanno cambiato tutto. Hanno reso il gioco troppo complicato.»

Noah può finalmente fare la sua domanda. Ora i tempi sono maturi.

«Perché?» Basta uno sguardo e RasPutin si rivela, si lascia prendere.

«Erano mail sospese. Perdute in memorie aperte. Il mondo digitale è democratico finché non alzi muri e i tuoi superiori avevano troppi nemici. È stato tutto facile. La domanda sarebbe, perché no? L'ho fatto per il mio Paese, per milioni di diseredati che non se lo possono permettere il vostro mondo a impatto zero. L'ho fatto per me.»

RasPutin guarda, con una smorfia, la folla, gli orsi polari che abbracciano goffamente un passante. «Non servirà, compagna. Non si può fermare il termometro con i balli. Non puoi portare indietro le lancette degli orologi senza prevedere vincoli o ritorsioni.»

Iskra gli sta davanti, solida come l'Arco che la sovrasta. «E noi continueremo a provarci. Anche perché, se così non fosse, il mondo come lo abbiamo conosciuto finirebbe. Ci proviamo. Lo dobbiamo ai nostri figli.»

RasPutin guarda Noah e Iskra, ora vicini, per un'ultima volta, con una punta di dolore. Per un attimo si sente solo. Ma è un attimo, la Mercedes nera arriva a riprenderselo, lo ringhiotte nel buio dei finestrini oscurati, come non ci fosse mai stato.

La Cop 21, il grande circo delle Nazioni Unite per fermare un treno che sbuffa troppo vapore, finisce così.

Se non con un trionfo, almeno con un elenco di promesse: rapide riduzioni nelle emissioni di gas serra e soldi per i Paesi più poveri. Ma soprattutto l'impegno a rimanere sotto ai 2 gradi di aumento della temperatura. Anzi, forse persino 1,5 gradi.

Poi gli orsi in maschera, i peruviani antinucleari, i nastri rossi, i tulipani, tutti lentamente si dileguano, richiamati alla loro vita più o meno a basso impatto di CO_2.

La città si fa silenziosa, nell'aria di neve e nella sera che inizia a scendere.

A un certo punto, per strada, rimangono solo Iskra e Noah. Camminano piano, con le gambe che dolgono come dopo una battaglia. Scendono lentamente, verso il Louvre. All'altezza di Rue Balzac, senza guardarsi, si prendono per mano e non si lasciano più.

Nella seconda ondata di mail, lanciata nell'iperspazio digitale nel novembre del 2011, una portava la firma di Foia, il sovversivo.

Non saprete mai il mio nome. Non esiste. Eppure sono stato io.

E credetemi, è stata solo una formalità. L'unico problema era che queste mail erano tante.

Troppe. Migliaia, sul clima impazzito. Mesi di lavoro anche solo per leggerle. Per dargli un'occhiata. Così ho selezionato come ho potuto. E poi le ho mandate in giro. Una cosa del genere non richiede particolari abilità. Non c'è nessun complotto dietro. Non ci sono i soldi dei petrolieri. Non ci sono pirati ragazzini, hacker pagati dai servizi. Non ci sono partiti conservatori. Non sono stati i repubblicani americani.

Non mi frega nulla di loro. Sapete cosa mi interessa?

Mi interessa fermare tutto questo circo. Finché sono in tempo. Mi interessa fermare miliardi di investimenti. Mi interessa che la capacità dell'uomo non prenda strade sbagliate. Che la scienza del clima non ci faccia buttare soldi, quanti nessuno ne ha mai visti, per fermare il progresso.

Tanto non sarete voi a pagare. Nossignori. Saranno i Paesi più poveri. Non preoccupatevi.

Se l'economia si deteriora, per voi sarà solo un piccolo inconveniente verde, nulla di più. Che vi farà sentire giusti. Magari, con qualche sovvenzione in più, non ve ne accorgerete nemmeno.

Per gli altri, quelli che non vivono nel vostro magnifico mondo occidentale, saranno ancora violenza, fame, malattia. Non avranno il lusso di sentirsi in pace con la loro coscienza ambientalista.

La protezione climatica, con i suoi effetti collaterali, rovinerà miliardi di persone per decenni e generazioni.

Io sono il cattivo di questa storia. O invece sono il vero eroe.

Quanto a voi, non volete essere miei complici? Ladri di mail?

Non leggete nulla di queste lettere. Lasciatele là. Tanto lo faranno altri.

Mr Foia

22
Il Cristo Pantocratore

Noah ha trentatré anni quando alza gli occhi sul Cristo Pantocratore. È un pomeriggio d'estate del 2018 e l'aria di Ravenna, fuori da questa chiesa di mattoni, è calda e umida. Dentro è tutto diverso: ci si trova in una dimensione dorata, fuori dal tempo e dallo spazio. Una dimensione in cui ci sono solo Noah e quel Cristo, occhi negli occhi. Un Cristo giovane, enigmatico e decisamente perplesso.

Il Pantocratore siede comodamente sul globo terracqueo, tra due arcangeli, e il mondo sotto di Lui è completamente azzurro. Non c'è traccia di terra sul globo, è come se i mari si fossero già innalzati, il diluvio avesse prosperato, di nuovo.

Nella mano sinistra il Pantocratore tiene il rotolo dei sette sigilli dell'Apocalisse.

Un terzo delle acque si mutò in assenzio, e molti uomini morirono per quelle acque, perché erano divenute amare (Ap 8,11).

Forza dei mosaici bizantini di San Vitale.

Da quando si è trasferito a Ravenna, coste basse dell'Adriatico italiano, non è mai entrato lì dentro. Lo scopre adesso questo tempio ottagonale, paleocristiano. Maestoso eppure leggerissimo, come sospeso.

Certo, però, uno strano posto per dare un appuntamento.

Noah Liebermann, figlio e nipote di ebrei erranti, si è trasferito in Italia per insegnare in un'università antichissima, la prima di tutto il mondo occidentale. Un ateneo che nella sua storia può raccontare ogni cosa: dal Medioevo caldo alle piccole glaciazioni. Delle maree alle tempeste attraverso i secoli. È questo che lo ha convinto.

Hanno visto e studiato tutto laggiù, a tutto hanno cercato di dare una spiegazione, una teoria, una soluzione e ora ci provano anche col cambiamento climatico. Chissà che si riesca a fare qualcosa anche per Ravenna che, secondo le previsioni, tra un secolo sarà sott'acqua, con tutti i suoi mosaici. A questo sta lavorando Noah, nel suo nuovo ruolo di coordinatore di un corso d'avanguardia per la gestione delle emergenze ambientali.

Due giorni prima, nel suo ufficio con vista sul mare, l'ha raggiunto la telefonata del signor Yang. Si è presentato come un possibile finanziatore straniero del suo corso.

«Immagino vi possa interessare un contributo abbastanza disinteressato...»

Cercare sponsor per il corso è parte fondante del ruolo di Noah che ha detto subito di sì a quel singolare appuntamento in chiesa. Ora si tratta solo di capire cosa si nasconda dietro quell'«abbastanza disinteressato».

«Non conosceva questo posto, professor Liebermann?»

Il signor Yang è comparso alle spalle di Noah, senza alcun rumore. Si presenta, stringendogli la mano. Ha studiato in Inghilterra, come lui, University of East Anglia.

«*Alma mater*, professore, qualche anno prima di lei. Anche io sono passato dal pub Britannia, glielo assicuro.»

Noah studia il suo interlocutore, un uomo cinese, sulla quarantina, con occhi profondi ed enigmatici, come quelli del Cristo che li sovrasta.

«E perché vederci qui, collega Yang? Con il Cristo Pantocratore benedicente sopra di noi, assiso su un trono d'acqua?»

«Perché, vede professor Liebermann, nell'epoca dell'antropocene, il tempo dell'uomo, noi siamo artefici delle nostre fortune. Lei lo sa che questa basilica è sotto il livello della falda freatica? Se non ci fosse un sistema di pompe che ci tiene all'asciutto qui sarebbe già il diluvio, avremmo l'acqua al ginocchio e questi magnifici mosaici sarebbero sommersi. Basterebbe un interruttore sbagliato.»

I due camminano, lentamente, studiandosi. Il signor Yang si ferma sull'orlo di una vasca rettangolare, piena d'acqua. Noah non l'aveva notata e ora osserva il suo riflesso frangersi sulla superficie.

«D'altronde, lo sa meglio di me, questa è una città

spacciata. Sarà la prima a finire sott'acqua. Prima di Miami, o di Rio, o di Manila. Le acque alte cominciano da qui.»

Il signor Yang smette di guardare la superficie torbida dell'acqua e si volta verso Noah.

«Si ricorda il motto della nostra università, *Do different*? Vede, professore, noi siamo convinti che una soluzione si trovi sempre, anche al cambiamento climatico. Siamo convinti che, anche se l'anidride carbonica sale, un modo di conviverci ci possa essere. Magari si può intrappolarla, disinnescarla. È per questo, per studiare un modo, che vorremmo sovvenzionare il suo corso...»

«Posso chiedere chi rappresenta? Chi c'è dietro questo "noi"?»

«Se lo ritiene necessario... Sono qui a nome di un gruppo di imprese cinesi, una rete di grandi compagnie industriali. Capisce quindi che il contributo potrebbe essere importante.»

Noah riprende a camminare piano, ma comincia a riflettere velocemente. Cosa potrebbe fare con i soldi che Yang gli offre? Soldi che puzzano di CO_2, soldi di grandi industrie cinesi con un forte retrogusto di anidride carbonica.

Pensa a nuovi computer, progetti di ricerca, magari in Siberia, o in Antartide, oppure a borse di studio. È un idealista ma ha nelle vene il sangue di suo nonno, il re delle camicie Liebermann, sangue capitalista. Fa addizioni Noah, e sottrazioni, prima con i soldi delle compagnie cinesi, poi con le molecole di anidride carbonica.

«Lo sa, signor Yang, che nel 2013 il biossido di carbonio è arrivato sopra le 400 parti per milione? A 415. Vuol dire che su un milione di molecole di gas nell'atmosfera, più di 415 sono di CO_2, un quarto in più rispetto a quello che era nel 1958, quando erano 314. Sessanta anni e cento molecole in più. Solo nell'ultimo decennio la CO_2 è salita di 2 o 3 parti per milione all'anno, proprio da dopo la conferenza fallita di Copenhagen.»

Una pignoleria? Un capriccio da ragionieri? Una ossessione contabile?

A Noah torna in mente lo sguardo di Obama che scuote la testa con un sorriso tirato, nella foto di chiusura.

«Lo so, professore, gliel'ho ho detto, abbiamo studiato sugli stessi libri. So che una molecola oggi, una domani... non ce n'è mai stata così tanta di anidride carbonica in giro, da alcune centinaia di migliaia di anni. Siamo come nel Pliocene, due milioni e mezzo di anni fa: allora c'erano solo 2 o 3 gradi in più di temperatura, i mari erano più alti di venticinque metri e nell'Artide ci nuotavano gli alligatori. So tutto, professore, so che siamo andati nelle regioni artiche, a tirar su carote di ghiaccio per guardare dentro le bolle d'aria, per capire quanta CO_2 c'era milioni d'anni fa. Come i larici anche le bolle imprigionate nel ghiaccio sono scatole del tempo, non entra e non esce nulla. Fino a che il ghiaccio si scioglie. E tutto va a finire sott'acqua, a partire da questa basilica, dai mosaici, dal Cristo Pantocratore. Tutte le pompe del mondo non basteranno più per tenerla asciutta, lo so. Per questo le sto offrendo aiuto... io ho fiducia nell'ingegno dell'uomo. Nel suo.»

Noah, inquieto, continua a camminare e Yang lo segue, gli sta a fianco, asseconda il suo passo.

«Signor Yang, se ha studiato sui miei stessi libri, lei sa anche che catturare CO_2 e nascondere tutto sotto terra è come buttare i rifiuti in discarica. Siamo tutti colpevoli, signor Yang, anche io produco CO_2, ma le persone che lei rappresenta ne producono miliardi di tonnellate all'anno.»

«Professore, noi non ci nascondiamo. Sappiamo bene che tutta questa anidride carbonica viene dal petrolio, dal carbone, dai gas naturali che bruciamo per andare avanti. Cemento, acciaio, ferro, ghisa, calcestruzzo: tutto lascia un'impronta di carbonio, tutto. E glielo dico chiaro, senza vergogna: noi non possiamo fermarci. Non lo faranno le economie emergenti. Non lo faranno in Africa e in Asia. Non possiamo permetterci quello che potete fare qui in Europa. Stiamo correndo e non rallentiamo, perché sennò perderemmo il passo. Non ci bastano fonti rinnovabili, energie alternative. Non ci basteranno mai.»

«E allora signor Yang?»

«E allora resta una sola cosa, Liebermann, catturare e sequestrare i gas serra. Metterli in carcere, a vita, un ergastolo! In questo ci potete aiutare. A cosa porterà il vostro baccano? Le accuse? Si ricordi di come sono finiti i suoi colleghi, il suo professor Jones, a Norwich. È tempo perso quando si può pensare a una soluzione. *Do different*, professor Liebermann.»

Noah si è fermato in un punto della basilica, al centro di un mosaico circolare, sul pavimento. Centinaia di tessere si rincorrono in un labirinto, frecce che indicano un cammino. Noah ne è ipnotizzato e Yang lo guarda, con un sorriso.

«Bello, vero? Lo chiamano "il labirinto dell'anima". Rappresenta il percorso dell'anima cristiana che deve purificarsi dal peccato in cui è imprigionata per arrivare alla meta, lassù, al Cristo Pantocratore.»

Noah percorre con la punta del piede la spirale del labirinto.

«Professor Liebermann, mi dia retta. Si possono pensare tante cose. Si potrebbe pompare anidride carbonica nei giacimenti di petrolio. In modo da smuovere l'oro nero e portarlo più rapidamente in superficie.»

«Ma così sarebbe altro petrolio che esce, altro carbonio, altro inquinamento, signor Yang.»

«E allora impieghiamo tutto nell'industria. Facciamo bibite gassate, metanolo. Recuperiamo questa maledetta CO_2.»

«Lo faremmo volentieri. Solo che l'anidride carbonica è un composto dannatamente stabile. E per trasformarlo, in qualsiasi altra cosa, occorre spendere tanta energia, quanta ne libererebbe quel composto una volta bruciato. Oltre al fatto che, se metti anidride carbonica nelle bevande gassate, prima o poi, si libera di nuovo... quando le bevi. È dura con la CO_2.»

Noah è lontano, perso nei suoi pensieri, con lo sguardo a terra, tra le spire del labirinto dell'anima. Le strade di marmo si affannano intorno al centro e non lo prendono mai, si interrompono, si intralciano.

«È come per questo labirinto, signor Yang. È dura liberarsi dal peccato, non basta mettere una pezza, nascondere la polvere sotto il tappeto. C'è qualcosa, signor Yang, che dobbiamo scontare. Tutti, nessuno escluso. La Terra ci guarda dritti nelle pupille, come gli occhi del Cristo Pantocratore, e noi cosa rispondiamo? Le offriamo una bevanda gassata?»

Il signor Yang ora si ferma. Ha giocato tutte le sue carte ma sa che non serve insistere. È un conoscitore di uomini. È un uomo anche lui e forse per questo si prende un'ultima, piccola soddisfazione.

«Vladimir mi aveva avvertito che sarebbe stato inutile, ma io ci ho provato, professor Liebermann. La seguo da tempo, la stimo.»

Noah si riscuote e alza la testa, piantando gli occhi in quelli profondi del cinese.

«RasPutin?»

Ma Yang, con un leggero movimento della testa, si accomiata. «Si ricordi solo che quello che per un bruco è la fine del mondo, per la farfalla è l'inizio.» Poi, in un attimo, esce dalla sua vista, come c'era entrato.

Noah, sfinito dalla tensione di quel confronto, si siede su una panca e guarda su, verso il Cristo.

A Norwich, in università, si raccontava la storia, ormai un classico, del Giurassico inferiore, 180 milioni di anni fa. Allora erano i vulcani che sparavano CO_2. Non erano le nostre ciminiere, ma il senso era lo stesso. Molecola dopo molecola la temperatura era aumentata di 5 gradi e il 97 per cento delle specie viventi sulla Terra era scomparso, nel nulla, dissolvendosi nel globo terracqueo. C'erano bruchi? C'erano farfalle?

Il Cristo Pantocratore guarda Liebermann negli occhi. È giovane, imberbe e siede su un trono d'acqua.

23
Ombrelloni chiusi

Non ci sono molti modi per chiudere un ombrellone.

Johnny, bagnino da tre generazioni, al lido Miramare di Ravenna lo fa con una mano sola. Lo prende alla sprovvista con un colpo secco, come se fosse alla gola. Poi gira intorno con uno spago e lega tutto. Ci mette quindici secondi, li ha cronometrati. Due file di ombrelloni, venti per ogni fila. Dopo anni di pratica ci mette dieci minuti esatti per ripiegarli tutti. Ora anche di meno: fino a poco tempo fa, in quel bagno, doveva chiudere una fila in più ma quest'anno il mare si è mangiato qualche metro di troppo e ha lasciato uno scalino di quasi un metro sulla spiaggia, tra l'arenile e l'acqua, che ancora i trattori del consorzio non sono riusciti a buttare giù. Per andare in mare, nonni e bambini dello stabilimento devono saltarci dentro.

Iskra e Noah camminano insieme sulla sabbia, mano

nella mano. Lo fanno sempre, quando è sera ed è estate. Vivono poco distante, in una casa sul mare, proprio come quella del vecchio David, a Wildwood.

Dopo essersi ritrovati a Parigi, in Rue Balzac, non si sono più lasciati. Sono passati tre anni, e da allora non hanno mai smesso di camminare. Vanno piano e ogni tanto si guardano.

Iskra ha una pancia prominente, cresciuta all'improvviso in pochi giorni, come se qualcuno avesse una fretta indiavolata di nascere.

Il piccolo David, lo chiameranno così, come il bisnonno che conquistò l'America, scalcia neanche fosse una renna della penisola di Yamal. Nell'ultima ecografia a Iskra è sembrato enorme. Saranno questi benedetti geni siberiani nel sangue. Enorme e agitato.

Iskra e Noah camminano su una spiaggia di velluto e guardano le case costruite quasi a pelo d'acqua, poco più avanti. Case a cinque piani, tirate su negli anni Ottanta, che adesso somigliano un po' ai casermoni di Mosca, dove si sono incontrati per la prima volta.

Nella luce rossastra del tramonto le nuvole si colorano di viola scuro, mentre Johnny toglie le ultime file.

«Chissà quanti ombrelloni saranno rimasti quando David imparerà a nuotare... Cosa troverà, Noah? Siamo sicuri di quello che stiamo facendo?»

Sul bagnasciuga incrociano un bambino che sta giocando. Avrà sei anni, e una bottiglia di plastica in mano, con dentro due piccoli granchi, trovati poco prima, scavando con paletta e secchiello. Sta pensando, il bambino, che questo mondo nel quale si trova per caso a vivere una sera, su una spiaggia spopolata, è davvero un mondo curioso. Si muove, reagisce, come le chele di quel granchio messo in bottiglia che cercano disperatamente di bucare la plastica per trovare una via d'uscita.

Il piccolo appoggia la bottiglia sull'onda e poi corre a riprenderla. La alza come un trofeo per mostrarla alla madre che, a pochi metri, è immersa nella lettura di un libro giallo. Forse per questo non si è accorta che è già sera, che grandi nuvole piene di pioggia scuriscono il cielo.

Iskra guarda la bottiglia galleggiare sull'onda. Tenta di distogliere gli occhi ma poi torna a guardarla, con fastidio. Lascia la mano di Noah e si avvicina alla madre.

«Mi scusi, può dire a suo figlio di fare un altro gioco? Così i granchi muoiono...»

«Ma poi li libera... non si preoccupi. Non succede mica niente, è la natura.»

«Come non succede niente?! C'è quella bottiglia di plastica. L'onda la trascina via e rimarrà in mezzo al mare, insieme a tutte le altre. Lo sa quanto tempo ci mette a degradarsi, a scomparire? Per una lattina di alluminio cinquecento anni. Una bottiglia di plastica ci può mettere mille anni.»

Ora la madre ha abbandonato il libro aperto sulla sabbia e guarda Iskra, senza sapere bene come reagire. Guarda la sua pancia e si morde la lingua prima di rispondere. Forse perché può capire ciò che sta pensando.

Sarà il caldo di quel giorno di piena estate su un lontano litorale italiano, così lontano dalla Siberia, sarà il piccolo David che è già grande e si agita, ma Iskra non si ferma nemmeno davanti al sorriso accogliente della donna.

«Ci sono cinque, sei, dieci milioni di tonnellate di plastica ogni anno che si perdono negli oceani. Se le immagina? Si formano isole di plastica, grandi come continenti.»

«Signora, lo so, non si agiti. La bottiglia la butteremo. Facciamo sempre la raccolta differenziata. Sono bambini, non si possono fermare, anche fra mille anni giocheranno ancora con i granchi sulla spiaggia.»

«Su questa spiaggia proprio no. Questa spiaggia sarà una ventina di chilometri più in là, tra cento anni, e non tra mille.»

Ora la madre ha perso il sorriso, chiude il suo giallo e lo ripone nella borsa da spiaggia. «Vieni Luca, è ora di cena.» La donna si alza, prende la bottiglia e libera i granchi. Il bambino la guarda con un'aria sperduta e poi protesta piano, mentre la prima lacrima gli riga il volto.

«Mi dispiace, signora, io non volevo...» Iskra si rende conto di aver esagerato e guarda il bambino che piange, mortificata. «Mi scusi, sarà il caldo. Sarà mio figlio che deve nascere e io non so...»

La donna, mentre riveste il bambino e gli asciuga le lacrime, la interrompe: «Non si preoccupi, so cosa si prova. E comunque è tardi davvero, non è colpa sua. Vedrà che andrà tutto bene... troveranno altre spiagge e altri granchi. Venti metri più in là o su Marte, ma le troveranno».

La madre sorride e si incammina verso l'uscita con il bambino per mano e una sicurezza che Iskra le invidia.

Noah ha seguito la scena da lontano, prima divertito e poi leggermente preoccupato. Ha visto in Iskra un'emotività che non le riconosce, quasi un terrore in fondo ai suoi occhi di ghiaccio. Le mette un braccio intorno alle spalle e la conduce dolcemente verso il bar della spiaggia.

Si siedono a guardare l'Adriatico al chiosco dei bagni Miramare che dal 1956, quando dall'altra parte c'era ancora la Jugoslavia, stanno lì a vedere sorgere il sole da oriente.

Alla sera il chiosco di Johnny è popolato di ragazzi arrivati per l'aperitivo e qualche madre che aspetta la fine della giornata di vacanze. Famiglie di lavoratori, piccola borghesia di città vicine, in attesa che passi anche questa stagione.

Noah guarda sua moglie, ancora irrigidita dalla discussione di poco prima, con affetto: è sempre la solita Capitana, pronta a imbracciare la mazza da hockey e a scivolare sul ghiaccio. Persino quando tutto il ghiaccio del mondo sarà sciolto. La ama per questo.

«Capisci Noah...»

Iskra si mette una mano sotto la pancia che sembra crescere in tempo reale, persino più grande di poco prima, quando parlava con la donna sulla spiaggia.

«... non so che mondo gli lasceremo. Ci sono almeno cinque isole di rifiuti. Ce n'è una nel Pacifico che è grande mille chilometri quadrati. Quanto Francia e Italia messi insieme. Un vortice di rifiuti in plastica senza fine. Gli lasceremo un mondo di isole di plastica e granchi che ci affogano dentro?»

Al bar del chiosco Miramare tra poco serviranno alcol. Sopra al bancone c'è un vecchio televisore sintonizzato sui telegiornali della sera. L'audio è basso, tutti sono impegnati in altro, ping pong, calcio balilla, nessuno vuole sapere cosa succede nel mondo assillante del cemento, delle città.

Noah legge i titoli in sovrimpressione con la coda dell'occhio e alza l'audio, senza chiedere il permesso. Al telegiornale papa Francesco sta parlando di ambiente. Si vedono file di cardinali e delegati imbevuti di sudore, perché l'aria condizionata nelle stanze vaticane ha sempre funzionato poco. Solo il pontefice sembra non sentire caldo.

Si celebrano i tre anni dalla sua enciclica *Laudato si'*. Le parole di san Francesco, il primo santo ambientalista, quello che aveva accompagnato Chantemirov e Shijatov nella ricerca dei loro larici in Siberia.

Sua Santità parla, ma senza il solito sorriso.

«Il ritmo di consumo e di alterazione dell'ambiente, fratelli e sorelle, ha superato le possibilità del pianeta.»

Francesco si aggiusta gli occhiali e scruta la platea davanti a sé.

«Viviamo una vita insostenibile. Bisogna ridurli questi gas serra. Bisogna fermare questo treno a vapore che sbuffa oltremisura.»

Iskra sorride a Noah, come rinfrancata: «Lo vedi che non sono matta... lo dice anche il papa».

Il pontefice continua.

«C'è bisogno di coraggio, responsabilità, onestà. Può sembrare troppo difficile. Perché ci sono troppi interessi. E quelli economici prevalgono sul bene comune. Finiscono per manipolare l'informazione.»

Francesco guarda sopra alle teste dei monsignori accaldati e vede l'affresco di San Clemente, l'antico papa protocristiano affogato dai romani con un'ancora al collo.

«Ma gli esseri umani possono tornare a scegliere il bene, possono rigenerarsi, fratelli e sorelle. Anche perché la Terra appartiene ai figli, a coloro che verranno. Saranno loro ad affrontare le conseguenze di ciò che stiamo facendo oggi, fratelli e sorelle.»

Iskra e Noah ascoltano il papa in silenzio, e si sentono meno soli.

Il bagnino Johnny, bagnino da tre generazioni (ci tiene molto a ripeterlo), ha raccolto tutto. E adesso sta portando via gli ombrelloni, tutti e quaranta, perché all'orizzonte le nuvole viola carico stanno montando in una tempesta estiva. Il vento si è alzato, muove le bandierine del chiosco e i capelli di Iskra.

Una cameriera stagionale, una ragazzina di quindici anni, serve ai clienti aperitivi alcolici leggeri e colorati, che sanno di caramelle per bambini.

«Solo un goccio. Ma beviamoci sopra, *profiessor*, beviamoci sopra.»

24
L'Apocalisse di alberi

Sarà come un albero piantato lungo i rivi d'acqua,
che dà il suo frutto nella sua stagione,
e le sue foglie non appassiscono;
e tutto quello che fa prospererà.
Salmi 1,3

Seduto a gambe incrociate sul terreno freddo, sotto la pioggia, Noah guarda le cime degli alberi sopra di sé. Le vede lontane, filtrate dalle gocce d'acqua. Muove la testa dietro alle punte che dondolano e lo prende un senso di leggera vertigine. È un rollio continuo, come se i larici sopra di lui cambiassero idea in continuazione, in balia del vento e della pioggia.

Ha cominciato a piovere all'improvviso, l'intero catino del cielo si è rovesciato tutto in una volta: un muro d'acqua, uno schermo limpido.

Malgrado l'inutile cerata da barca che si è buttato addosso, Noah è fradicio, sotto il larice che lo sovrasta di quaranta metri e stira i suoi rami, quasi volesse proteggerlo. Si chiede quante volte ancora il gigante dovrà torcere le sue braccia per resistere alla tempesta. Un albero, che sta lì da trecento anni, deve avere sviluppato un certo fatalismo. Noah pensa ai vecchi larici di Chantemirov e Shijatov che aveva studiato per anni. Ai cerchi di accrescimento che aveva contato e ricontato alla University of East Anglia. Un albero così può vivere anche ottocento anni. Se ne sta lì, tranquillo a muovere le sue chiome mentre passano le stagioni e, nel frattempo, tiene nota di tutto. Lo capisci quando lo butti giù, lo sezioni e vai a vedere gli anelli che sembrano dipinti. È un albero complicato il larice. L'unica conifera che perde le foglie. Decidue, effimere, come la natura umana. Non è un sempreverde. Cambia, diventa rosso, bianco, giallo.

E adesso continua a muovere i suoi rami al vento e alla pioggia, anche perché l'acqua non gli fa niente. Il larice se la ride anche del mare, anzi, a contatto con l'acqua salata diventa ancora più resistente, duro come un diamante per signora. Altrimenti i pontili di Venezia non sarebbero ancora lì, dopo trecento anni. È un duro anche da morto.

La foresta di Stradivari, sulle Alpi orientali italiane, in Val di Fiemme, è fatta di larici e soprattutto di abeti rossi. Decine di migliaia, piantati lì, con la schiena dritta da millenni. A Noah hanno spiegato che l'abete è diverso dal larice, è tutta un'altra cosa. Intanto è un sempreverde: non cambia espressione, colore, mostra costantemente la stessa faccia. Gioiosa, mite, bonaria: il volto del Natale. È l'albero delle feste, quello che si compra con i bambini. Si mette in casa (vicino a una finestra perché così ha luce) e si addobba, una domenica, con la famiglia, tirando fuori tutto quello che c'è, aprendo una scatola del tempo che passa di mano in mano da generazioni. Eppure, è bene saperlo, l'albero di Natale è un morto che cammina. Si finisce per addobbare un cadavere, fare la festa a un fantasma. Pensateci, ai primi di dicembre, quando ve ne mettete uno in casa. Lo state uccidendo, soffocando col caldo dei vostri termosifoni, con le vostre palle di plastica e le luci cinesi a pochi soldi. E lui si fida e continua a sorridere, sopporta tutto. Sa che se non muore a Natale, ha una prospettiva di vita che arriva fino a quattrocento anni. Quattro secoli a osservare il mondo, immobile e sorridente.

La leggenda vuole che ce ne sia uno enorme in Svezia, che qualcuno abbia fatto un tassello doloroso sulle sue radici e abbia scoperto, con il carbonio 14, che quel vecchio legno sta lì da novemila anni.

Fabio, l'uomo che ha raccontato a Noah tutto questo, viene da un paese là sotto. Quella con abeti e larici è una sua partita personale. Fabio è l'uomo che li fa suonare questi alberi. Sale su, nella foresta, con un attrezzo inventato da lui e li prende a martellate. Sono martellate gentili, loro non sentono dolore, ma qualcosa sentono perché rispondono, vibrano, come in un dialogo. Il tronco emette un suono sordo. *Tumb. Tumb. Tumb*. Ognuno suona in maniera diversa. Ognuno ha una sua nota, una sua tonalità. Soprattutto gli abeti rossi. Fabio dice che i loro canali linfatici funzionano come canne d'organo. Non si è mai visto un legno con tanta capacità di suonare.

Alla fine del Seicento, Antonio Stradivari da Cremona, liutaio di chiara fama, saliva dalla città fin lassù per scegliere i tronchi più armonici. Secondo alcuni studi, il legno delle piante cresciute tra il 1645 e il 1715 avrebbe caratteristiche particolarmente adatte alla costruzione di strumenti musicali per via del minimo di Maunder, la piccola era glaciale che Noah conosce bene. Le temperature basse creano una diminuzione dell'attività di fotosintesi e così le piante crescono con maggiore lentezza. Il larice temporeggia, riflette, mentre contempla il mondo che cambia. E, così, alla fine il suo legno è più compatto ed elastico.

Fabio giura che anche Stradivari avesse un martelletto simile al suo. Il mastro liutaio è stato dannatamente fortunato, è salito quassù proprio nel momento in cui gli alberi erano pronti al miglior concerto di sempre.

Oggi comunque non è giornata per far suonare i tronchi. Il rumore della pioggia confonde e attutisce ogni altro suono.

Anche quello delle parole di Iskra nella memoria di Noah.

«Non andare. Non è il momento di giocare ai piccoli meteorologi. Non puoi fare il cacciatore di tempeste se aspetti un figlio. I giornali dicono che è la tempesta perfetta, sarà pericoloso. Perché dovresti andarti a cacciare nell'occhio del ciclone ancora una volta?»

È stata dura per Noah, lasciare Iskra a casa, con il suo pancione, e David che non la smette di scalciare. Ma i dottori dicono che manca ancora un mese, e che il primo figlio ci può mettere anche un po' di più, a volte. Noah l'ha rassicurata, ma soprattutto le ha spiegato che la tempesta, perché sia vera, va fatta vedere al mondo. Va spiegata, va temuta. Per questo metterà telecamere e macchine fotografiche nei boschi e nelle valli. Lì dove sono i larici, da cui è cominciata la loro storia.

Iskra rimane pur sempre la Capitana, condivide la stessa guerra e sa che il mondo deve sapere, deve rendersi conto di cosa sia il clima estremo che è già qui e che non potrà far altro che radicalizzarsi, imbizzarrirsi come un cavallo ferito.

«Vai, noi ti aspetteremo qui, David e io. Ti ho aspettato per anni a Mosca, ed ero sola. Non cambierà molto.»

Il 26 ottobre del 2018, alle ore 14.00, mentre Noah prende acqua sotto i larici del bosco di Stradivari, piazzando apparecchi fotografici e telecamere, la protezione civile italiana decide di emanare una prima allerta rossa.

È un'onda calda quella che sta arrivando da sud. Una enorme depressione in un Mediterraneo bollente, un canale che va dal Baltico al Mediterraneo occidentale. Si chiama Vaia e durerà per tre giorni.

A vederla dopo, dalle foto dei satelliti, appare come un vortice dove, sul lato orientale, girano venti impetuosi che spingono una linea di violenti temporali. I meteorologi la classificheranno come «ciclogenesi esplosiva». Una bomba, una deflagrazione di venti e acqua: la tempesta perfetta.

Iskra, stesa sul divano della sua casa a Ravenna, guarda il mare su cui si addensano le nuvole generate dalla bassa pressione, la più bassa registrata nella penisola da duecento anni. Il ciclone, lassù, sta nascendo da una depressione degna di un cardiopatico grave.

Iskra accende la tv, per distrarsi, ma i soliti meteorologi, implacabili, allarmati, le ricordano che in Trentino, dove il padre di suo figlio prende acqua nei boschi, stanno arrivando venti furiosi a spazzare via tutto.

La prima fase è libeccio umido e precipitazioni di eccezionale intensità. Minimo barico di 978 millibar. Poi saranno venti e pioggia, tanta, come se il mare che si increspa sotto i suoi occhi si riversasse sulle spalle di Noah. È tutto previsto, da almeno un giorno.

Ai piedi del bosco di Stradivari, Noah adesso cerca riparo. Insieme a Fabio entrano in un vecchio albergo che ha conosciuto giorni più gloriosi. Sbarrano persiane, sprangano porte. Si chiudono dentro e aspettano la tempesta.

Come nella favola dei tre porcellini Vaia non si fa attendere. Bussa alle porte del rifugio di Noah con colpi secchi, ritmati, come se ci fosse uno spartito da seguire. Sono spallate sempre più minacciose quelle di Vaia, un ospite irrispettoso che vuole entrare e prendersi tutto.

Fuori non si vede più nulla. Solo un muro d'acqua che precipita. Quello che succede poi si può solo intuire, dagli schianti.

L'acqua infiltra il terreno e il povero abete rosso, che ha innalzato la sua schiena dritta nel bosco per centinaia di anni (e ha visto passare generazioni di cercatori di funghi), è colpito alla base, minato alle sue radici. Perde le sue sicurezze, il suo equilibrio.

È allora che arriva il libeccio. Il vento caldo con raffiche lanciate a quasi 200 chilometri all'ora. Lo stesso che sta bussando alla porta del rifugio di Noah.

L'abete muove i suoi rami, si agita, capisce di non avere più ancoraggi in questo mondo irriconoscibile. È strattonato alle spalle, mentre qualcosa erode la terra ai suoi piedi: non ha scampo. Scricchiola, freme, si inclina e, infine, cade rovinosamente. Un unico grido finale, di sconfitta. *Tumb*.

Lunedì mattina, 29 ottobre, trecento chilometri più a sud, Iskra è svegliata da un calcio di David più forte degli altri. Si è addormentata sul divano, di fronte alle immagini della tempesta che sta squarciando il Triveneto. Quando riapre gli occhi, vede la massa densa della perturbazione in tv, e sente un dolore, profondo, attraversarle le viscere.

«Maledizione. Troppo presto!» Pensa Iskra tenendosi la pancia, mentre cerca di ricordare dove ha lasciato il telefono. Sono solo spasimi e caldo, vampate di calore in quell'anomala mattinata autunnale di bassa pressione. Fuori il cielo è bianco e lattiginoso, percorso da una pioggerellina fitta, una coperta di lana infeltrita distesa sul mare.

Le contrazioni sono troppo ravvicinate e al corso preparto le hanno spiegato cosa vuol dire. Trova la forza di alzarsi e vede, con la coda dell'occhio, il telefono sulla mensola. Piegata, si costringe a raggiungerlo, lo afferra e chiama l'ambulanza.

Poi, per istinto, per bisogno di stringere la sua mano, per il semplice fatto che lo vuole lì, chiama anche Noah.

Il suono del telefono si confonde con il pianto degli abeti rossi che crollano, fuori dal vecchio albergo. *Tumb. Tumb*. Uno a uno, come colpiti da un cecchino.

Noah vede il numero di Iskra e si affretta a rispondere, accovacciato com'è vicino alla finestra sbarrata, con gli occhi che scrutano fuori, da una fessura. La linea è disturbata ma intuisce che la voce di Iskra è rotta, affannosa. Coglie poche parole, ma abbastanza per capire. Noah scatta verso la porta, sotto lo sguardo attonito di Fabio.

«Mio figlio sta nascendo. Devo provare a uscire.» Noah sa che sta farneticando ma non può farne a meno.

Fabio si alza e si mette davanti alla porta, per prevenire colpi di testa.

«Lo senti questo rumore, Noah? È una foresta che crolla. Se esci tuo figlio nascerà orfano.»

Proprio in quel momento un albero crolla vicinissimo a una delle finestre del rifugio, facendo tremare i vetri e risvegliando Noah dal suo delirio.

In silenzio, avvilito, torna vicino alle imposte chiuse con lo sguardo che vaga, attraverso una fessura, su un'immensa, sterminata ecatombe di legno.

25
La percezione del dolore

L'infermiera sta mettendo il respiratore a Iskra, appena caricata sull'ambulanza.

«Signora, si rilassi. Non sia così tesa. È tutto normale. Solo un po' in anticipo, forse. Ma non c'è da preoccuparsi.»

L'ambulanza attacca la sirena e comincia a muoversi lentamente, con cautela, sotto la pioggia che non dà tregua.

Iskra adesso sente tutto. Anche tutti i movimenti del piccolo David. È sudata, madida, sofferente. E nella sofferenza si fanno largo i timori, le ossessioni. Ha letto, in quei giorni di attesa, che livelli troppo alti di ozono aumentano il rischio di autismo nei neonati. Vorrebbe sfogarsi con Noah, urlargli la sua paura per quello che le sta succedendo e di ciò che verrà dopo. Quando David muoverà i primi passi in un mondo troppo inquinato, inaridito, inebetito dalle emissioni di CO_2.

Quando arriva in ospedale Iskra trema. Le hanno detto che il sostegno ricevuto durante il travaglio riduce la sofferenza. Ci sono infermiere, medici, c'è mezzo ospedale. Ma non c'è Noah e Iskra, adesso, vorebbe solo insultarlo, imprecare.

Per fortuna il suo corpo sta liberando betaendorfine, un oppiaceo naturale secreto dalla ghiandola pituitaria. Viene rilasciato durante il sesso e durante il parto e fa cambiare prospettiva. I medici le stanno dicendo che proverà una leggera sensazione di euforia. Poi l'anestesista di turno dell'ospedale Santa Maria delle Croci di Ravenna inserisce un cateterino negli spazi intervertebrali lombari e pratica un'epidurale. Iskra, finalmente, si quieta.

David nasce il 30 ottobre 2018, mentre la tempesta, dopo tre giorni, si dissolve lentamente al di sotto di una mezza luna che sorge proprio mentre il piccolo vagisce per la prima volta.

Nasce di quattro chili, secondo le previsioni della madre.

Nasce senza dolore, secondo le previsioni dei medici.

Prova dolore un albero?

A Noah hanno raccontato che il primo a chiederselo è stato un certo Cleveland Backster, ispettore della Cia in pensione. Erano gli anni Cinquanta quanto Cleve aveva collegato una pianta a un poligrafo, la macchina della verità, quella che misura i parametri del corpo umano: battito, pressione e sudorazione. Aveva attaccato gli elettrodi e aveva danneggiato una piccola parte della pianta, un graffio. Con stupore, e un vago senso di colpa, Cleve aveva notato che il suo apparecchio registrava variazioni di resistenza elettrica. Qualcosa era successo nell'anima di quell'albero.

Noah pensa al dolore che deve aver provato Iskra, da sola, senza di lui.

Riceve la notizia da un'infermiera, a cui Iskra ha affidato il cellulare e il compito di chiamarlo.

«Perdonami amore, arrivo.» Riempie sua moglie di messaggi, divorato dalla colpa e dalla fretta. Fuori la bufera è finita e Noah esce all'aperto come se fosse una nuova nascita. Ci vogliono quattro ore per arrivare a Ravenna, per conoscere quel bambino che ha i geni siberiani di Iskra e il nome di suo nonno. Noah sente già che saranno le ore più lunghe della sua vita.

La tempesta perfetta è durata tre giorni, ha mandato i suoi venti fino a 200 chilometri all'ora, ha lasciato sul terreno circa 8 milioni e mezzo di metri cubi di legname abbattuti e quasi tre miliardi di danni. Ma, soprattutto, ha ucciso otto persone.

Quando esce dal suo rifugio, ai piedi della foresta, Noah è padre da poche ore.

Di fronte a lui c'è un campo di battaglia: gli abeti rossi (gli alberi di risonanza) e i larici (gli alberi del tempo) sono caduti come stuzzicadenti spezzati, accartocciati.

Diranno poi che sono almeno trent'anni di boschi andati distrutti, che nessuno, in questa generazione, rivedrà mai più quelle foreste com'erano. Tutto cambia, come nelle grotte effimere del ghiacciaio dei Forni, non troppo distanti da lì.

C'è un odore forte nell'aria e Noah si sente storidito. Fabio, che è rimasto con lui fino alla fine, sostiene che siano sostanze, gas, che rilasciano le piante, quando percepiscono, in qualche modo misterioso, il pericolo.

«È il loro pianto, Noah, solo questo ci resta.»

Il sistema nervoso di Noah è alterato. Il suo sangue è carico di acetilcolina, un neurotrasmettitore che provoca facilmente l'attivazione del sistema lacrimale. Così quella mattina anche Noah piange, insieme agli alberi che lo circondano. Un po' di disperazione, per quella strage annunciata e molto di gioia, per suo figlio nato contro la tempesta.

Nelle foto e nei video, i pochi che riuscirà a recuperare (le webcam non resisteranno) non troverà quasi nulla, solo le immagini sfocate di un gigantesco larice che si fracassa e cade. Il legno divelto piomba davanti all'obiettivo: una sezione del tronco, con tutti gli anelli del tempo perfettamente visibili, mentre lacrimano resina.

Esattamente come quelli, lassù, nella penisola di Yamal, Siberia.

26
La zattera

Da qualche tempo Noah ha preso a sognare suo figlio, il piccolo David, che adesso ha cinque mesi e cresce sano come un pesce.

Il professore si siede in poltrona, si addormenta un attimo e il figlio si insinua nelle sue visioni oniriche.

Inizia tutto come uno scherzo in una giornata d'estate. Sulla spiaggia di fronte a casa un sole pieno si riflette sul mare calmo come una tavola.

«Dai, papà, costruiamo una zattera! Poi la mettiamo in acqua e vediamo dove ci porta.»

Noah si organizza e comincia a raccogliere pezzi di legno, corde, persino bottiglie di plastica che trova, misteriosamente, sulla sabbia.

Monta, lega, inchioda, sotto gli occhi orgogliosi di suo figlio. E la zattera cresce, aumenta a dismisura, mente Noah suda e David lo guarda, ora con una punta di impazienza.

«Va bene, papà, ora basta, proviamola, se la fai più grande poi non regge.»

Ma a Noah non basta mai, raccoglie altro materiale per ingrandirla, per rinforzarla.

Adesso anche gli altri bambini della spiaggia guardano incuriositi quella specie di Noè della domenica. Qualcuno si avvicina e chiede se può giocare anche lui.

Noah si affretta, madido, distrutto, aggiunge gli ultimi particolari.

Ora la zattera è pronta, solida, invincibile: la spinge a fatica nelle acque miti dell'Adriatico.

I bambini della spiaggia sono già in fila, pronti a salire. Noah cerca di caricare tutti quelli che può.

La zattera assomiglia a un enorme pattino, come quello dei bagnini della riviera per il salvataggio. Noah la spinge con tutta la sua forza, tra le onde irrilevanti del bagnasciuga.

La zattera si allontana di poco, giusto qualche colpo di remi, mentre Noah rimane a riva, a sorvegliarla. Poi, all'improvviso, senza alcun segnale, senza che i bambini abbiano il tempo di emettere un grido, l'imbarcazione affonda ingloriosamente in mezzo metro d'acqua.

Ora è sveglio il professore, coperto di un sudore sottile e gelato. Guarda David che dorme sereno.

I primi mesi sono stati difficili, tra notti insonni e poppate. Noah e Iskra sono estenuati, distratti. Distratti come tutto il mondo intorno a loro.

A Noah è rimasto in bocca un sapore acre e secco che

gli ricorda i giorni roventi di Mosca, nove anni prima. Già nove anni, e nel frattempo ancora tempeste, uragani, incendi. Sempre di più.

Guarda David e si chiede se si abituerà al fuoco, all'acqua che sale, alla sete.

Ossessioni, solo ossessioni, si giustifica Noah. Passerà. Eppure, in un giorno di fine inverno, lui, la sua compagna e il loro figlio, nato sotto la tempesta, prendono un treno e vanno verso nord.

È il 15 marzo 2019, la prima grande manifestazione globale degli studenti contro il cambiamento climatico.

La destinazione del professore e della Capitana è la grande città, Milano, piazza Duomo.

Lo sciopero globale per il futuro. Globale nel senso che si sciopera a Mosca, a Beirut, a Gerusalemme, a Shanghai, a Milano. Cento Paesi, 1600 città, milioni di ragazzi. Anzi, ragazzini: dagli otto anni in su, i più piccoli accompagnati dai genitori.

«Certo, mio figlio dovrebbe studiare, ma questa è una buona causa.»

Una mamma, di fianco a loro, guarda orgogliosa il figlio di nove anni, sormontato da un cartello più grande di lui.

Ha cominciato Greta Thunberg, quindici anni, a Stoccolma. Ha iniziato a saltare la scuola ogni venerdì, metodicamente, andando davanti al Parlamento svedese a protestare.

E ora, quattro anni dopo la grande manifestazione di Parigi, dieci dopo il Climategate, Noah e Iskra spingono il passeggino dietro a un altro popolo che cammina.

Non hanno mai visto nulla del genere, prima. Sembra un enorme luna park, eppure nessuno viene per giocare. I bambini sfilano ordinati, ognuno con il suo cartello.

Una ragazzina sui quattordici ha un megafono rosso in mano e urla: «Il futuro dipende dal presente».

Uno scroscio di applausi la invita ad andare avanti.

«Dobbiamo cambiare il sistema, non il clima. Sono le multinazionali che devono fermare la produzione di CO_2. Ci siamo rotti i polmoni!»

I ragazzini ridono e qualcuno imbraccia i tamburi.

«È inutile conquistare la Luna per perdere la Terra. Pazienza niente, studenti per l'ambiente!» Tamburi e tamburelli di ogni dimensione e colore iniziano a rullare.

«I politici non fanno niente.»

I tamburi si placano e ora sono i fischi a riempire la piazza, assordanti.

Dicono che le associazioni dei presidi abbiano protestato in molti Paesi, hanno obiettato che si potesse fare di sabato, per non perdere la scuola.

Qualche ragazzino, tra la folla, ammette di bigiare ogni venerdì, proprio come Greta. Certo, teme la bocciatura, ma il futuro è più importante.

Non manca la confusione. Noah e Iskra, incuriositi, fanno qualche domanda.

«Per cosa manifestate?»

«Per il buco dell'ozono che ci brucia.»

«Per il caldo che esagera.»

«Per il ghiaccio che sparisce.»

Sorridono Noah e Iskra, in un angolo della piazza, sotto un palchetto di piante esotiche, sponsorizzato da qualche multinazionale, tanto per rendere evidente che il clima è davvero cambiato. Con loro c'è David, forse il più piccolo di quel giorno, nel suo passeggino ecologico, un passeggino assolutamente riciclabile, che costa un occhio della testa.

In mezzo a quella piazza, Noah capisce che nessuno è poi così solo, che il mondo che ha conosciuto, da Wildwood, New Jersey, fino a Tomsk, Siberia, in fondo non si è distratto completamente. Altri si stanno affannando a costruire qualcosa.

Da quel giorno, tornato a casa, continuerà a sognare la sua zattera. Stavolta però ci saliranno quei ragazzini, con i loro cartelli. E, miracolosamente, il pattino resterà a galla.

27
Gabbiani

Nell'estate del 2019, una serie di incendi devastano interi boschi in Siberia. Il larice secco brucia in fretta e la dacia della famiglia di Iskra, costruita in gran parte di legno, in poche ore è ridotta in cenere. Poca cosa rispetto al disastro che colpisce la regione: tre milioni di ettari di foreste vanno a fuoco.

Della proprietà di Iskra rimane in piedi solo un camino, che il nonno ingegnere ferroviario aveva costruito di pietra, come fosse il comignolo di una locomotiva transiberiana: rotondo con un tetto spiovente di mattoni a copertura. I vicini di casa, vecchi cugini che abitano a trenta chilometri e, perduti nella taiga, si lamentano di un termometro fisso a 30 gradi (roba mai vista lassù), mandano qualche foto a quella parente lontana. Attraverso una luce ancora filtrata dal fumo si intravedono gli abeti e i larici rimasti in piedi come pali sbilenchi. Nelle didascalie delle immagini annerite Iskra legge che l'odore si sente forte anche a giorni di distanza. I suoi vicini sostengono che è bruciato tutto anche perché nessuno è interessato a spegnere questi incendi nel mezzo del nulla: troppo costoso, il gioco non vale la candela. O almeno così dice la legge russa, e le candele infatti sono bruciate.

I vecchi compagni all'università di Tomsk scrivono a Iskra che la nube siberiana ha mandato in fumo 100 milioni di tonnellate di CO_2, molecole di anidride carbonica ascese al cielo per scaldare il trono celeste del Cristo Pantocratore. Gli alberi bruciati non possono più filtrare tutto quel biossido di carbonio che, libero di fluttuare, contribuirà a sciogliere più velocemente i ghiacci dell'Artico, e così ad aumentare il livello dei mari. Un circolo vizioso che sembra quello di una filastrocca e, invece, è tutto vero.

Lo ha ammesso persino il capo del servizio meteorologico russo, Maxim Yakovenko, davanti ai microfoni di tutte le tv del globo: «La causa è quella, il cambiamento climatico è già qui tra noi, signore e signori!».

La nube di fuliggine, ceneri, fumi e gas, in quella stagione rovente, arriva a coprire le grandi città siberiane. Un giorno di luglio Rašit Chantemirov e Stepan Shijatov, i due dendrocronologi che erano andati a cercare i segreti del tempo venti anni prima, tra i tronchi della penisola di Yamal, riconoscono l'odore dei loro larici nel vento scuro della città di Ekaterinburg (dove ancora si rivendica l'uccisione degli zar). E pensano che, anche se negli ultimi anni gli anelli di accrescimento degli alberi sono sembrati meno affidabili di quanto si sperava (dagli anni Sessanta qualcosa sembra cambiato, i dati non corrispondono più alle temperature dei termometri), comunque la foresta bruciata rimane una grande biblioteca perduta per sempre.

Lo sente, quell'odore acre, anche il professor Kirpotin, quello che ha lanciato l'allarme dieci anni prima sul permafrost che quando brucia fa evaporare il metano che si porta dentro, come fosse un segreto impronunciabile.

La nuvola la vede (non la sente, anche se ha una sensazione di venti nebbiosi) persino il professor Jones. La vede in tv, nelle sue giornate da pensionato, e si sorprende a pensare a un rogo che, prima o poi, arriverà a devastare la sua vecchia università, lassù a Norwich, Anglia Orientale, dove, per la verità, piove un po' troppo per lasciare spazio agli incendi.

I cugini di Iskra, dal canto loro, continuano a spedire foto via mail per un po'. Nell'ultima immagine che inviano, il comignolo (l'unica cosa rimasta orgogliosamente in piedi) è diventato il nido di un gabbiano di passaggio, un gabbiano siberiano di Heuglin. L'uccello si distingue bene, con le zampe appoggiate in equilibrio precario sul tetto spiovente del fumaiolo. Pare guardare oltre la distesa di tronchi anneriti, dritto davanti a sé.

Iskra osserva con affetto quell'uccello, instabile come un funambolo, e realizza che ora la casa è sua. Il gabbiano, forse non sempre quello, tornerà nella foresta bruciata per molti anni a venire, durante le sue migrazioni, mentre il bosco sotto, lentamente, ricrescerà.

28
Che fai se incontri l'orso?

In un lunedì senza sole, Vladimir Sergeevič Kirillov esce dalla sua villa per buttare la spazzatura. La villa, la sua nuova dacia siberiana, se l'è fatta disegnare da un architetto californiano, modernista e vagamente Lloyd Wright, con grandi vetrate dritte sulla tundra. A Noril'sk, Siberia settentrionale, oltre il Circolo polare artico.

I rifiuti, invece, i pochi che produce nella sua vita di ristoranti e alberghi a cinque stelle, sono pigiati in una busta di plastica biodegradabile al 100 per cento, perché anche a Noril'sk, forse una delle città più inquinate al mondo, hanno cominciato la raccolta differenziata.

Tutto perfetto. Non vola una mosca nel nuovo quartiere residenziale, lontano dai palazzi staliniani con la puzza di linoleum e cavolo bollito, persino i rifiuti sembrano inodore. Quando RasPutin chiude il cassone, però, vede qualcosa di abnorme, di fuori posto. Davanti a lui, dall'altra parte, c'è un orso bianco. A guardarlo da vicino, in realtà, non è affatto bianco, è sporco, ingrigito, quasi scheletrico. Evidentemente è arrivato ai bordi della città in cerca di cibo, mentre il suo ambiente naturale si scioglie per il troppo caldo.

La pelliccia sembra fuori misura, come quella di una madre indossata da un bambino. Eppure, l'animale rimane gigantesco mentre, in piedi, rovista tra i rifiuti.

RasPutin non ha il tempo di pensare quando l'orso pianta gli occhi dilatati nei suoi. Ricambia lo sguardo e anche i suoi occhi si dilatano. Rimane immobile qualche secondo, nel silenzio assoluto. Poi, però, fa la cosa più sbagliata da fare davanti a un orso della tundra umiliato, offeso dalla monnezza e soprattutto affamato. Si volta e si mette a correre.

Indice

Finito di stampare nel mese di settembre 2019
per conto di RCS MediaGroup S.p.A.
da Grafica Veneta S.p.A., Via Malcanton 2, Trebaseleghe (PD)
Printed in Italy